大中型水电工程
建设全过程绿色管理

刘利文　梁　川　顾功开　赵　璐／著

项目策划：唐　飞
责任编辑：王　锋
责任校对：唐　飞
封面设计：墨创文化
责任印制：王　炜

图书在版编目（CIP）数据

大中型水电工程建设全过程绿色管理 / 刘利文等著. — 成都 : 四川大学出版社, 2021.4
ISBN 978-7-5690-4600-7

Ⅰ. ①大… Ⅱ. ①刘… Ⅲ. ①水利水电工程—施工管理—无污染技术 Ⅳ. ① TV512

中国版本图书馆 CIP 数据核字（2021）第 079845 号

书名　大中型水电工程建设全过程绿色管理
DAZHONGXING SHUIDIAN GONGCHENG JIANSHE QUANGUOCHENG LÜSE GUANLI

著　　者	刘利文　梁　川　顾功开　赵　璐
出　　版	四川大学出版社
地　　址	成都市一环路南一段 24 号（610065）
发　　行	四川大学出版社
书　　号	ISBN 978-7-5690-4600-7
印前制作	四川胜翔数码印务设计有限公司
印　　刷	成都金龙印务有限责任公司
成品尺寸	185mm×260mm
印　　张	12.75
字　　数	307 千字
版　　次	2021 年 6 月第 1 版
印　　次	2021 年 6 月第 1 次印刷
定　　价	50.00 元

◆ 读者邮购本书，请与本社发行科联系。
电话：(028)85408408/(028)85401670/
(028)86408023　邮政编码：610065
◆ 本社图书如有印装质量问题，请寄回出版社调换。
◆ 网址：http://press.scu.edu.cn

序

绿色是生命的象征、大自然的底色。绿色代表了美好生活的希望、人民群众的期盼。民有所呼，党有所应。在党的十八届五中全会上，习近平总书记提出创新、协调、绿色、开放、共享“五大发展理念”，将绿色发展作为关系我国发展全局的一个重要理念；党的十九大报告提出实行最严格的生态环境保护制度，形成绿色发展方式和生活方式；2020年10月《中共中央关于制定国民经济和社会发展第十四个五年规划和二〇三五年远景目标的建议》再次强调推动绿色发展，促进人与自然和谐共生。绿色发展作为我国实现经济新常态的根本出路，已成为全社会的共同行动。2020年6月29日，金沙江乌东德水电站首批机组投产发电，习近平总书记对此做出重要指示，充分肯定了乌东德工程建设取得的成绩，同时也强调要坚持生态优先、绿色发展，科学有序地推进金沙江水能资源开发，推动金沙江流域在保护中发展、在发展中保护，更好地造福人民，这也更加鞭策和鼓舞我们在工程建设和运行中坚定不移贯彻绿色发展理念。

水电是技术成熟、运行灵活的清洁低碳可再生能源，具备大规模开发的技术和市场条件，对于保证我国能源供给、优化能源结构、实现节能减排、改善生态环境、应对全球气候变化等目标具有十分重要的作用。水电工程在获得防洪、发电、供水、旅游、促进经济社会发展等多种效益的同时，其建设和运行也会对生态系统造成一定程度的不利影响。因此，水电工程要实现绿色发展目标，需加强全过程绿色管理，最大限度地减少对环境的影响。乌东德水电站是党的十八大以来正式开工建设并投产的千万千瓦级世界级巨型水电工程，是实施“西电东送”的国家重大工程，是构建清洁低碳、安全高效能源体系的重要支撑性工程。在电站开发建设过程中，乌东德水电站认真贯彻“生态优先、绿色发展”理念，在2016年正式核准开工后不久，经反复讨论研究，便提出了在“十三五”期间将乌东德水电站建设成“精品工程、创新工程、绿色工程、民生工程、廉洁工程”的创新示范工程目标，并印发了《创建乌东德水电站“十三五”创新型示范工程实施方案》，要求在工程建设中紧紧围绕环境友好、资源节约、施工文明三方面创建绿色工程。

本项工作的持续开展为乌东德水电站的绿色发展打下了良好基础。

本书结合大中型水电工程的建设特点，基于乌东德水电站绿色工程创建成果，对大中型水电工程建设全过程绿色管理进行了系统介绍，主要成果和创新点有以下几方面：一是提出了大中型水电工程设计、施工、运行等全过程绿色等级评价方法，并实现了乌东德水电站工程全生命周期绿色管理测评，本书提出的评价体系和评价标准所需基础数据均易获取，具有较强的普遍性和适用性，有利于大中型水电工程建设的绿色管理量化监控，可为其他水电工程开展绿色评价起到科学参考与技术指导作用；二是提出了基于压力—状态—响应模型的环境绩效评价方法和基于突变评价法的突发环境风险评价方法，进一步提高了现场绩效考核和突发环境风险管理水平，同时提出了基于正外部性理论的水电工程环境效益重要等级评价方法，使社会公众更加形象直观认识水电工程对社会和环境的积极作用，有助于水电工程的核准决策和工程项目的顺利推进；三是针对大中型水电工程重点关注的运行期水生生态保护和环境监理问题，详细阐述了乌东德水电站生态流量、过鱼设施、增殖放流、分层取水等专项措施，以及乌东德水电站环境监理实践过程，其内容均是在实践中提炼，工作方法和程序具有一定代表性和实用性，可操作性强。

本书是作者在多年实践的基础上，对乌东德工程绿色发展做的一个较为完善的提炼总结，书中的绿色管理方法和理念对其他大中型水电工程绿色管理也有较好的借鉴和指导意义。本书内容系统全面、深入浅出，实践性强，希望出版后能为从事水利水电工程的设计人员、施工人员、监理人员和建设单位提供有价值的参考。

乌东德工程建设部主任

杨宗立

2020 年 11 月

前言

能源是经济和社会发展的基础，而安全、可靠、清洁的能源供应则是实现经济社会持续发展的基本保证，《中华人民共和国可再生能源法》已将风能、太阳能、水能、地热能等列为优先开发的能源，然而风能、太阳能、地热能这类能源只适宜在特定区域开发，目前均难以形成大范围开发和规模化利用，尚不能从根本上缓解我国能源供需紧张的矛盾。水电作为优质且最具潜力的可再生能源，加大其开发力度是保障能源安全供应较为现实的途径。2016 年全球常规水电装机容量约 10 亿千瓦，年发电量约 4 万亿千瓦时，开发程度为 26%（按发电量计算）。其中，发达国家水能资源开发程度总体较高，如瑞士、德国、美国分别达到 92%、74%、67%；我国水电发展起步较晚，开发程度为 37%，与发达国家还存在较大差距，还有较大的发展潜力。国家能源局发布的实施能源发展“十三五”规划中提出要大力发展非化石能源，积极推动水电行业发展，加快西南水电基地重大项目建设进程，做好水电开发的研究论证与规划，2020 年 10 月发布的《中共中央关于制定国民经济和社会发展第十四个五年规划和二〇三五年远景目标的建议》中提出要实施雅鲁藏布江下游水电开发重大项目建设。从我国的国情和发展目标来看，水电开发仍有必要，还有较广阔的发展前景。

大中型水电工程作为关系国民经济发展的重要电力生产基础设施，建设规模巨大、周期长，具有发电成本低廉、运行调度灵活等特点，同时能够获得资源、生态、社会、经济等巨大综合效益。然而随着水电开发规模的不断扩大，其对环境的影响也越来越受到人们重视。例如，水库蓄水运行使河流水文情势发生变化，引起水温变化、洄游性鱼类受阻等，一定程度影响生态系统的结构和功能；同时工程施工过程中也会消耗巨大的能源和资源，产生大量污水、粉尘、固体废物等环境污染，施工期对能源、资源的消耗最为直接、最为明显。此外，大中型水电开发是一项复杂而系统的任务，其环境风险复杂，涉及社会、经济等多方面，影响面广，突发环境污染事故将对社会和自然环境造成重大损失和危害。党的十八大以来，绿色发展作为关系我国发展全局的一个重要理念，已成为全社会的共同行动，大中型水电工程要实现绿色发展目标，须加强建设和运行全过程绿色管理，最大限度地减少对环境的影响。实践证明，水电工程开发合理、过程管理科学规范，不仅能有效地利用水资源，降低工程造价，缩短建设工期，而且能改善流域经济社会环境，协调处理好水电建设与环境保护的关系；环境绩效评价、环境风险管控和环境经济分析作为环境管理的重要环节，其有利于及时向管理者提供决策信息，促进各项环境保护措施的有效实施。因此，开展工程设计、施工、运行等各阶段绿色等级评价，提出环境绩效、环境风险、环境经济效益等相关绿色管理评价方法，以此制定相应对策措施，对实现工程绿色发展目标具有很强的实践指导意义。

本书以金沙江乌东德水电站为例，对大中型水电工程建设全过程绿色管理进行了系统介绍，全书分三篇共8章。第一篇大中型水电工程绿色评价，主要为第1章到第3章。其中，第1章简要概述了绿色管理定义、水电工程绿色等级评价研究进展以及水电工程对生态环境的影响；第2章构建和提出了大型水电工程设计、施工、运行等全过程绿色等级评价体系和评价标准，同时介绍了层次分析法、TOPSIS法、熵权法等几种常见的评价方法；第3章基于第2章评价体系和评价标准，利用AHP-模糊综合评价法对乌东德水电站绿色设计、绿色施工、绿色水电进行了全过程实例分析。第二篇大中型水电工程建设全过程绿色管理，主要为第4章到第7章。其中，第4章建立了大中型水电工程环境绩效评价指标体系，实例开展了乌东德水电站2015—2018年环境绩效评价；第5章提出大中型水电工程施工期突发环境风险评估指标体系和评价标准，并基于改进的突变评价法开展乌东德水电站施工期突发风险定量计算分析；第6章采用提名法总结归纳出水电工程环境效益涵盖的主要指标，建立了水电工程环境效益正外部性评估体系，并以乌东德水电站为例开展环境效益重要等级评价；第7章重点介绍了乌东德水电站生态流量、过鱼设施、增殖放流、分层取水等专项环境保护设施的设计、施工和运行概况。第三篇大中型水利水电工程环境监理，主要为第8章，重点介绍了环境监理规划，以及环境监测、生活污水处理厂设施运行监理细则。

本书可作为水利水电及其相关学科大学本专科和研究生的教材，也适合从事水利水电工程技术人员、管理人员以及其他相关领域希望了解水电工程建设的人员参考阅读。

本书部分内容编录了乌东德水电站工程相关建设管理报告和设计报告，在此要特别感谢乌东德工程建设部、长江勘测规划设计研究院、长江水资源保护科学研究所、中国三峡建设管理有限公司环境保护部等相关领导和同志的大力支持和帮助。本书尽可能详细并如实地描述编者对大中型水电工程绿色管理的心得，但由于时间仓促和个人能力有限，很多方面还处于边实践边完善的过程中，因而书中难免存在不足甚至谬误之处，欢迎广大读者及业内同仁批评指正。

编　者

2020年11月

目　录

第一篇　大中型水电工程全过程绿色等级评价

第二篇　大中型水电工程建设绿色管理

第三篇　大中型水利水电工程环境监理

第一篇　大中型水电工程全过程绿色等级评价

第1章　概述

1.1　绿色管理

1.1.1　绿色管理定义

绿色管理随着现代企业管理发展而产生，传统的企业管理在生产经营过程中，往往追求经济利益最大化，忽略社会成本和环境成本，进而引发一系列环境问题和社会问题，西方经济学在企业“外部性”论述过程中，已将企业生产造成的环境污染、社会负面影响列为其外部性。20世纪50年代，绿色发展思想在发达国家萌芽，全社会关于绿色消费的意识逐渐增强。到80年代，绿色经济思想已席卷全球。20世纪的最后十年，绿色管理概念出现，“生态效率”一词在社会流行，人们开始寻找减少材料消耗，利用可再生能源的创新方法，从那时起，国外学者和组织机构开始对企业绿色管理能力进行大量研究，其中比较有代表性的是Hart[1]用“污染预防”“产品管理”和“可持续发展”三个主题来定义绿色管理能力：“污染预防”是指首先消除生产过程中的污染源，而不是控制末端污染；“产品管理”是指设计具有最小生命周期环境影响的新产品的能力；“可持续发展”是指组织将环境问题纳入其战略规划过程和决策的能力，从而最大限度地减少公司发展的环境负担。

我国学者从20世纪90年代也开展了相关绿色管理研究。刘思华教授[2]认为，绿色管理是将生态环境管理理念与企业生产经营管理相融合，形成生态与经济协调发展的企业管理模式；姜太平[3]认为，绿色管理是企业根据可持续发展的思想和生态环境保护的基本要求，形成的一种绿色经营理念以及所实施的一系列管理活动；邱尔卫[4]提出，绿色管理的前提是消除和减少组织行为对生态的影响，并以可持续发展思想为指导，实现经济效益、社会效益的协调统一而进行的全过程、全员、全面的管理活动。虽然各学者定义和出发点不同，但总的来说，绿色管理是建立在可持续发展理论、循环经济理论和环境经济学理论等基础上，围绕环境、资源、生态、经济、管理和社会学等开展的定义和论述。

1.1.2　大中型水电工程绿色管理

水电工程建设时序分为设计阶段、施工阶段、运行阶段，其中设计阶段包含前期论证和招标设计等阶段，这三个阶段中每个环节都相互联系，密不可分。因此，大中型水电工程要成为真正意义上的绿色工程，就要求在项目管理的每个阶段、每个过程中始终融入和坚持“绿色发展”思想，做到时时环保、处处绿色，同时需要采用现代化先进管理手段，对各阶段加强资源和环境的统筹管理，最大限度地节约资源和控制污染，并制定相应激励措施和评估评价方法，最终实现工程的可持续绿色发展。

对于大中型水电工程绿色管理的范围，按照绿色管理定义，从环境学角度讲，应无污染或污染最小；从资源学角度讲，应适度开发和充分利用资源，最大限度地节约资源；从生态学角度讲，应符合生态系统的物质、能量流通规律，最大限度地保持生态系统的平衡；从经济学角度讲，应实现经济效益、社会效益、环境效益相统一；从管理学角度讲，应对人、机、料、法、环等各方面进行合理安排和组织，将各部门和单位有机协调统一起来，使工程项目统筹有序推进；从社会学角度讲，应能够保证移民安居乐业，库区周围相关利益方能够享受水电开发带来的成果，实现大中型水电工程社会效益目标。

1.2 水电工程绿色等级评价

1.2.1 绿色设计

随着环境污染问题和资源短缺问题的日益突出，人们逐渐意识到先污染后治理、先破坏后恢复的末端治理方法存在一定问题，在治理成效和治理成本上会付出更多的代价，并不能有效地实现环境保护目标，从而开始认识到绿色设计前端治理的必要性。Ford 汽车公司统计发现，虽然设计费仅占产品成本的5%左右，但却决定着产品生命周期 80%～90%的消耗，为此，开展绿色设计可以从源头进行预防，减少产品对环境的影响和资源消耗。绿色设计采取并行工程的思想，开展全生命周期评价和分析，将产品的设计、制造、使用和最终处理作为一个整体，从产品的最初设计起就开始防治污染，预先考虑产品在制造、使用和最终处理整个过程中可能给环境带来的负面影响，然后在设计中加以解决。目前，绿色设计已成为现代设计技术研究的热点之一，美国建筑学家 R. Buckminiser Fuller 提出“少费而多用”（more with less）的想法，希望用最少的物质资源进行最适宜、最充分的设计和使用，将社会发展、自然资源、环境保护三者有机统一起来；1998 年，美国绿色建筑协会建立的一套绿色建筑评价体系，旨在指导建筑的绿色设计和可持续设计[5]；Yasemin（2017）提出了一种可持续图书馆建筑绿色设计理念，以提高能源效率并使收藏品更健康、更舒适、更美观；Byung Kwan Oh（2019）研究提出了一种建筑工程钢筋混凝土双向板最佳绿色结构设计模型，以实现对环境的最低影响，该模型较传统住宅、办公室和商业建筑设计方法，平均二氧化碳排放量分别减少了 4.94%、11.40%和 19.96%；Jewoo Choi（2019）鉴于超高层建筑大中型立柱需要大量的建筑材料，在考虑构件或建筑物大小的情况下，提出了一种多目标绿色设计模型，将大中型立柱在施工阶段二氧化碳排放量和成本降至最低。

我国学者在各领域相继开展了绿色设计探索，Ying（2016）提出应重新审视中国传统建筑中生态设计理念关于人与自然共生的理性模式，并展示了一种称为西街新乡土建筑设计过程的集成生态系统方法；晋毅（2001）提出了工程车辆绿色设计的综合评价体系和相关评价准则；施骞（2009）认为工程项目可持续设计内涵应包含建筑节能、可再生能源综合利用、建筑生态环境绿化、资源集约化利用、环保与健康五个方面；傅砾（2011）对电网工程绿色设计进行了系统研究，同时从技术性、经济性、环境性建立了电网工程绿色设计综合评价体系；兰竹（2012）以可持续发展为准则，从环境的需求、市民的需求出发，以武汉市地铁2号线一期工程中南路段为例，提出了地铁施工区围挡的绿色设计方法；王潇曈（2016）利用BIM技术具有资源整合及巨大分析能力的特点，提出了建筑工程基于BIM技术的绿色设计方法；詹斌（2017）阐明绿色航运应以可持续发展为目标，并从能耗强度、污染排放、结构调整、新技术应用、管理水平等方面构建了湖北省绿色航运发展评价指标。

1.2.2　绿色施工

目前国内外对于绿色施工的研究主要集中在建筑工程领域。1994年，首届可持续施工国际会议在美国召开，会议定义了可持续施工内涵，即在有效利用资源和遵守生态原则的基础上，创造一个健康的施工环境，并进行维护。近年来，各类学者开展了绿色施工材料、设备、方法等方面的研究，G. Bassioni（2012）发现可以将石灰石作为混合物代替水泥熟料来生产水泥，从而减少二氧化碳的产生和排放；Myungdo Lee（2014）提出了一种能量再生系统（ERS），用于降低施工升降机运行所需的能源消耗，通过原型验证，平均能量回收率达到55.5%；Abdul Ghani（2017）重点调查追踪了美国住宅、商业和工业建筑中整个行业供应链的温室气体排放，发现“拌混凝土制造”“发电、输配电”和“照明设备制造”为建筑结构供应链中污染最严重的行业，并以此优化建筑结构施工对环境的影响；Sulafa Badi（2019）认为绿色供应链管理可为建筑行业实现“绿色环保”提供系统方法，并对绿色供应链管理进行了系统整合和全面定义；Hilary（2020）研究了建筑项目绿色施工现场实践过程中，环境绩效对经济绩效的影响，并通过对尼日利亚某A级承包商已完成的168个建设项目样本进行测试，得出并非所有符合环境绩效标准的项目都会使建设项目在经济上获利，指出承包商在开展绿色施工时，应表现出一定程度的灵活性，做好环境绩效和经济绩效之间的平衡。

2007年，住建部发布了《绿色施工导则》，给出了绿色施工的定义、原则、总体框架、施工要点等，是我国首个比较系统和实用的绿色施工指南；2010年、2014年住建部也相继颁发了《建筑工程绿色施工评价标准》（GB/T 50640—2010）和《建筑工程绿色施工规范》（GB/T 50905—2014），对《绿色施工导则》“四节一环保”中的具体条款进行了细化，至此，我国建筑工程领域相关规范体系基本形成；从2008年北京奥运会场馆建设开始，我国绿色施工得到了长足发展，并通过奥运场馆的建设和绿色施工管理积累了大量经验和教训，为我国绿色施工的发展奠定了良好基础。目前，国内学者在房屋建筑、道路、桥梁、深基坑、装饰等工程领域已经开展了相关绿色施工评价研究，叶华平（2012）总结了我国绿色施工评价方面存在的问题，从节约利用各类资源、控制施工阶段环境负荷量、现场的综合管理三个方面建立了绿色施工评价指标体系框架；万炳彤（2019）提出了西北寒旱地区铁路路基绿色施工水平的评价指标体系，利用层次分析法和熵权法开展了绿色施工评价；章恒（2015）建立了山区桥梁绿色施工的评价体系，并使用灰色聚类法针对Y大桥进行了评价；王建波（2018）结合城市深基坑施工特点，建立了深基坑施工绿色施工评价指标体系，并应用于青岛香江旺角深基坑工程；杨玉胜（2017）为解决深基坑支护不当对资源环境造成不良影响，分析了城市深基坑支护工程绿色施工的各个影响因素，建立了绿色施工、环境保护、资源能源节约三个方面的综合评价指标体系，并应用到湘核新家园深基坑支护工程；杨爽爽（2017）建立环境保护、工人防护、节能、节水、节材五个方面为主要框架的住宅装饰装修绿色施工指标体系，确定了绿色施工各级指标对劳动生产率的影响程度；针对水电工程绿色施工研究，仅有少数学者开展了探索性研究，陶玉波（2008）对水电工程绿色施工具体实施方案进行了研究，并利用CASBEE评价工具对其宗水电站进行绿色施工评价；李静（2017）建立了水利水电工程绿色施工评价指标体系，并对评价等级标准进行了划分。

1.2.3 绿色水电

目前关于绿色水电的定义国际上尚没有统一的标准，但基本特征是针对运行期电站，主要评估对河流生态系统的影响以及需符合一定技术标准[6]。当前关于绿色水电认证具有代表性的主要有瑞士绿色水电认证、美国低影响水电认证（LIHI）和国际水电协会（IHA）《水电可持续性指南》，此外还有德国“Grüner Strom Label e. V.”、芬兰“Ekoenergia”、挪威“Norges Naturven－for－bund”，上述认证标准和规范均是将可持续发展理念引入水电工程建设中，绿色水电认证是采用管理和经济手段，为电力消费者提供有公信力的生态标志。瑞士的绿色水电认证利用环境管理矩阵（最小流量管理、调峰、水库管理、泥沙管理、电站设计五个方面的管理措施）从水文特征、河流系统连通性、泥沙和地形、景观和栖息地、生物群落等五个方面开展生态影响评估；美国的低影响水电认证从河道水流、水质、鱼道和鱼类保护、流域保护、濒危物种保护、文化资源保护、公共娱乐功能、未被建议拆除等八个方面开展认证，《水电可持续性指南》从水电项目全生命周期角度提出了水电项目不同阶段的可持续性评估工具。据统计，截至2012年10月，瑞士已有88座水电站获得绿色水电标准认证，对标识为绿色水电的电站每度电价加一定价格销售，上浮电价按照市场行为由消费者自愿买单，额外收取0.67欧元/度电用于建立生态基金，同时强制规定生态基金必须用于水电站生态修复投资；截至2014年年底，美国先后已完成118座水电工程的低影响水电认证，获得低影响水电认证的电站通过“自愿绿色电力购买计划”加价销售，加价销售电价也是按照市场行为由消费者自愿买单；IHA《水电可持续性指南》自2011年颁布以来，已在欧洲、南美、亚洲及北美等地区19个水电站进行评估。由于绿色水电涉及多个部门，需要多个利益相关方通力配合，且绿色水电采用自认购电方式，目前多个国家并未达到预期效果，同时根据国外调查研究发现，低收入公众对绿色水电支持力并不高，自由购买意愿也不强烈，国外绿色水电占领的市场份额也较小。Cui（2017）总结了我国绿色小水电发展理念、政策技术改进的实践历程，指出绿色小水电认证的主要驱动因素包括公众环境保护意识的逐渐增强、用电供需平衡的变化以及我国薄弱的监管体制。图1.1为绿色水电认证流程。

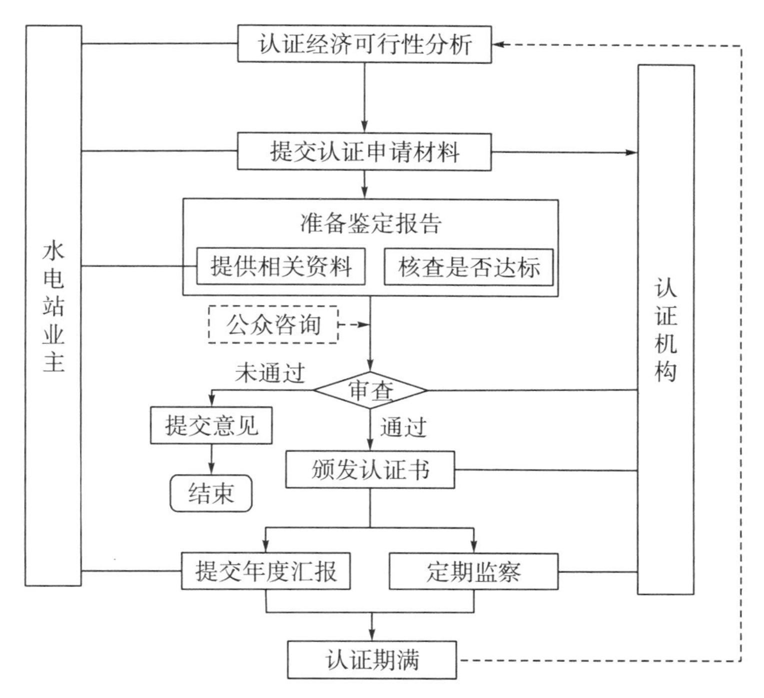

图 1.1 绿色水电认证流程

由于我国电力市场还未自由化，消费者还不能直接自主选择水电发电方，这种自愿售电模式在我国还不能适用，因此我国尚未建立绿色水电评估体系与认证制度，但国家生态环境部、能源局以及各相关的设计机构、科研院所开展了一系列绿色水电评估指标与方法的研究，主要针对评估内容、评价方法与评价标准等。朱永国（2014）从资源节约、质量优良、技术先进、经济合理、安全可靠、环境友好、关系和谐等七个方面构建了猴子岩绿色水电站目标体系；肖潇（2016）从防洪、航运、生态、移民等角度分析了长江上游水电工程各阶段对环境、经济、社会的影响，提炼出水电工程全生命周期生态保护—经济效益—社会影响评估体系；袁湘华（2012）从生态环境保护和修复、环境保护管理、关键技术问题研究三个方面开展了糯扎渡水电站绿色水电工程建设规划；杨静（2009）通过对河流健康分析建立了绿色水电指标体系，确定了各指标评价标准，并以云南省漫湾水电站为例，开展了绿色水电评价；王露（2016）从自然生态状况和社会环境状况两个方面构建了绿色小水电评价指标体系，并以富江小水电站为对象开展了绿色小水电评价；李华鹏（2008）认为绿色水电的内涵应该是强调水电开发的可持续性发展，结合我国西南地区的环境特点，从社会影响、生态影响、环境污染以及地质灾害等方面构建了绿色水电评价指标体系，并对土卡河水电站进行了实证分析；刘香（2016）从生态、社会、管理和经济四个维度构建了我国农村绿色小水电建设成效评价指标体系，并以甘肃皇城水库水电站的实例进行了客观定量评估。虽然目前我国绿色水电评估研究取得了一定成果，但仍然缺乏统一的定量化评价标准和评估体系。

1.3 水电开发对生态环境的影响

20世纪50年代开始，国内外学者已经开始研究水电开发对河流生态环境的影响，Ouyang W. 等（2010）通过对大坝建设后下游水文情势、河道形态分析，得出河流生物生境的不断改变，逐渐引起河流底栖生物、水生植物的选择性变化，从而导致河流生物群落种群变化和结构特征改变；Collie（1996）等发现大坝建成后下泄日流量减少，对下游栖息地和水生态系统带来不利影响，同时加剧了河道冲刷；Magilligan 等（2005）研究了美国水坝修建前后水文改变节律，得出水坝修建已从全国范围改变了不同河流的水文节律；Sharma（2005）研究了尼泊尔蒂娜河小水坝上下游底栖动物、生境特征及底质组成的变化，得出水坝建设对上游样点影响显著，而下游样点的影响较小；Yan Q. 等（2015）研究了电站建设对河流泥沙量的影响，得出大坝阻隔引起河流水文条件变化，造成下游河流泥沙通量显著改变，引起下游河道冲淤变化、床底形态改变及河道侵蚀。

在国内，人们也开展了大量水电开发对环境影响的研究，麻泽龙（2006）认为外来扰动对流域生态系统及生态环境所造成的胁迫，并不一定使系统发生逆行演替，有可能调整系统的生境条件，有利于生态系统的进一步演替；纪道斌（2017）等归纳了梯级开发对径流、水质、水温和泥沙等水环境累积影响，指出了各方面的影响范围和主要特征；贾建辉（2019）从生境和生物两个方面系统地论述了水电开发对河流生态环境的影响内容；王龙涛（2015）研究指出怒江上游的水电开发将对鱼类栖息地的连通性、水文情势、水温、水质、底质、地形及地貌产生一定的影响，初步提出了怒江上游鱼类栖息地保护的区域；李朝霞（2018）采用比较变化程度的定量分析方法，分析了巴河流域六〇六水电站、雪卡水电站和老虎嘴水电站对河流水文情势、水温、水质及水生物的影响；王沛芳（2016）指出大坝建成后，河流水力要素和理化指标均受到电站运行的人工干扰和控制，导致生境多样性丧失，敏感物种和原生生态物种变异、减少或灭绝；李洋洋（2013）采用3S技术研究方法，开展北盘江梯级水电开发对陆生生态系统的影响分析，得出梯级电站建设主要不利影响是改变了河流自然生态系统，对适应原生境的动物造成不利影响；骆辉煌（2012）采用立面二维水温模型模拟了金沙江下游梯级水库联合运行后向家坝的下泄水温，得出梯级水库运行后，长江上游珍稀、特有鱼类国家级自然保护区内鱼类会受到水温节律变化影响；侯保灯（2010）运用幕景分析法对岷江上游两河口—都江堰段水环境累积影响进行分析，得出水质累积影响有明显恶化的趋势，水温上累积影响较大，但对农业灌溉不会产生较大不利影响；杨净（2013）从水文、水环境、生物、水土流失等方面对第二松花江流域梯级开发对生态环境影响进行了研究，指出梯级电站建设有利于流域内鱼类资源数量的增加、减少输沙量，但会对保护鱼类种类有负面影响。综上分析，水电工程开发对生态环境的主要影响见表1.1。

表 1.1　水电工程开发主要生态环境影响

影响类型	主要生态环境影响	
水生生态环境影响	减水/脱水对下游水生生态环境影响	水电开发中通过修建引水隧洞将拦水闸坝水体引至下游厂房发电，从而造成拦水闸坝至厂房河段不同程度减水（脱水），河道减水后将使区间河流水面缩窄，水深变浅，流速趋小，水生生物的生存空间和生存环境受到影响，水量的减少也使河流的水环境容量下降，这一系列变化将对下游河道的生态环境造成不利影响
	大坝阻隔对鱼类的影响	大坝建设会对鱼类群落产生一定的影响，如洄游和其他活动会被终止或延滞、鱼类栖息地环境的质量和数量都可能降低，这些在鱼类群落的稳定中起着重要作用的因素都受到了筑坝的影响
	下泄低温水	电站运行下泄低温水将对鱼类造成突出的不利影响。水温变冷，水体的溶氧量和水化学成分将发生变化，影响鱼类和饵料生物的衍生，致使鱼类区系组成发生变化；下泄低温水将使鱼类产卵季节推迟，影响鱼卵孵化甚至造成不产卵；下泄低温水还会降低鱼类新陈代谢的能力，使鱼生长缓慢。水温低、饵料生物生长缓慢，将直接影响鱼类的生长、育肥和越冬。水温分层水库下泄低温水还将对取用库区或下游河道灌溉农作物产生“冷害”影响，造成减产甚至绝产
	库区水文情势改变对水生生境的影响	水电工程开发后，与天然情况下相比，水域面积、水深和水体增大，坝前水位抬高，坝底水体溶解氧有所降低，这对需要高溶氧环境的土著鱼类不利，适应急流水环境的生物种类将减少；流速减缓，泥沙沉积，水体透明度增大，适应缓流水环境的生物种类增多，初级生产力增高；库区范围内原急流开放型水生态系统将改变为水库生态系统
陆生生态环境影响	水电开发过程中水库淹没和工程占地面积大，水库淹没和工程占地将对区域植被、珍稀保护植物以及保护动物栖息地等均产生一定的影响。水库淹没和工程占地对植被影响主要关注区域重要植被类型，如演替序列中顶级植被类型（地带性植被）、天然植被、生态公益林、热带雨林等，水库淹没涉及区域重要植被类型，需采取有效补偿或恢复措施；水库淹没和工程占地往往涉及珍稀保护植物，将对珍稀保护植物种群、生境以及物种多样性产生一定影响；同时，水库淹没和工程占地也将涉及珍稀保护动物栖息环境，造成区域珍稀保护动物种群和栖息环境减少	

思考与练习题

（1）大中型水电工程绿色管理的意义主要有哪些？

（2）当前我国绿色管理研究主要建立在哪些理论基础上？

（3）简述目前建筑工程领域绿色设计、绿色施工、绿色水电的研究进展。

（4）简述大中型水电工程施工、运行期对生态环境的主要影响。

第2章 大中型水电工程建设全过程绿色等级评价体系和标准

大中型水电工程项目因其规模大，建设周期长，制约因素多，一般也可详细分为预可研阶段、可研阶段、招标设计阶段、施工阶段以及运行阶段。各阶段环境管理目标不一样，所面临的问题也不尽相同。例如，施工阶段主要侧重枢纽工程区建设过程对环境的影响，影响时间通常相对较为短暂，运行期主要侧重水库运行对环境的影响，影响往往具有累计性、长远性，开展绿色等级评价是实现大中型水电工程建设全过程绿色发展的有效管理手段。鉴于预可研阶段、可研阶段、招标设计阶段属于论证设计阶段，其基本工作均是围绕环境影响评价开展，本书将预可研阶段、可研阶段、招标设计阶段统称为设计阶段，因此，大中型水电工程建设全过程绿色等级评价分为设计阶段、施工阶段和运行阶段。

2.1 评级体系构建原则

（1）科学性原则。应根据大中型水电工程的施工特点，实事求是、求同存异地构建大中型水电工程各阶段绿色等级评价指标体系。

（2）全面性与针对性相结合的原则。指标体系应在结合现场实际的基础上因地制宜、有针对性地适当取舍，同时评价指标应具有独立性，不出现重叠。

（3）可度量原则。评价指标体系指标数据应易获取，容易计算和评估，具有可度量性，结合大中型水电工程相关统计报告、监测数据、国家相关标准和规范开展评价，尽可能地消除人为因素的影响。对于不可度量的指标，应尽可能地满足规范和相关管理规定要求。

（4）层次性原则。评价指标体系应具有层次性，各层级间紧密关联，下层指标与上层指标相适应。

（5）动态调整原则。大中型水电工程具有独特性，各工程特点有所差异，评价指标体系可根据现场实际情况变化动态调整。

2.2　绿色设计评价指标体系

2.2.1　评价指标体系构建

2.2.1.1　传统设计指标

大中型水电工程一旦失事，不仅工程本身不能发挥效益，更重要的是危及上下游人民的生命财产安全，产生不可估量的严重后果，因此水工结构工程设计重点围绕结构安全耐久性，更加偏向于工程竣工后的质量和性能。传统工程项目主要设计指标分为时间指标、性能指标和经济指标，见图2.1。其中，性能指标主要考虑可靠性和状态指标，针对结构设计质量、施工质量、运营质量，考虑结构安全性、适用性、耐久性的要求；经济指标包括结构所有直接和间接成本，包括建设成本、运行维护成本以及相应社会和用户成本；时间指标要求结构在性能可靠和经济优化的基础上，按照结构利益相关方要求，最大限度地考虑结构的使用寿命。

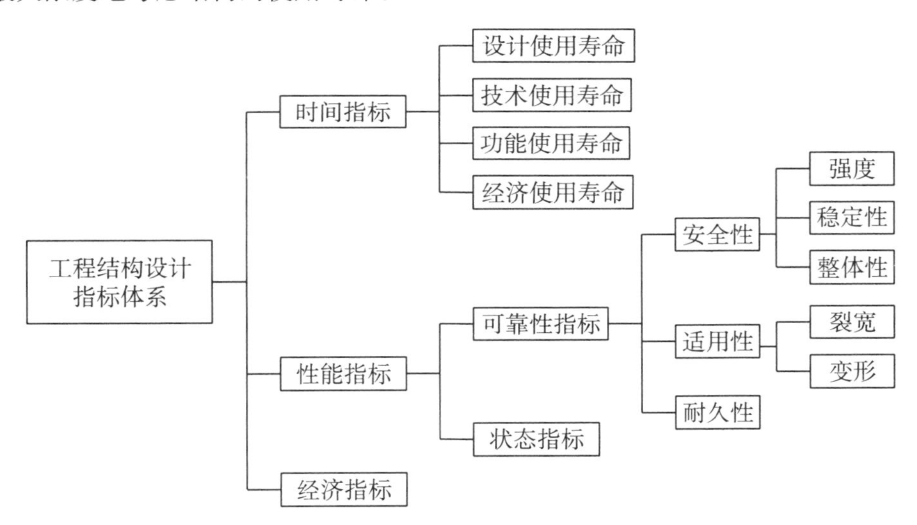

图2.1　工程结构设计指标体系绿色设计指标

2.2.1.2　绿色设计指标

对于现代工程设计，不仅要强调结构的安全耐久性，也需强调工程的绿色性，强调其环境属性在设计、施工、运行管理等全寿命过程的一体化，并达到或超越项目相关各利益方的要求和期望。随着我国社会经济的发展，水电行业逐步建立了从规划阶段到运行阶段全过程环境保护管理制度。规划阶段开展环境影响评价，设计阶段开展环境保护总体设计和专题设计，建设阶段开展环境保护监理和环境监测，运行初期开展环境保护验收，运行一段时间后开展环境影响后评估，其中环境影响评价是最基础的工作，主要是对大中型水电工程对环境可能造成的影响进行分析、预测和评估，并提出相应减缓和预防措施，做到工程与环境的协调。设计阶段的环境保护设计是根据环境影响评价报告要求，按照相应的技术和规程要求进行详细的施工设计，并按照“同时设计、同时施工、同时投入运行”三同时制度在建设阶段施工完成；运行初期的竣工环境保护验收主要全面回顾环境影响评价报告措施的落实情况和运行效果。因此，环境影响评价是水电工程环境管理制度的核心基础，大中型水电工程绿色设计的核心目标就是重点围绕环境影响评价，预先考虑工程在施工、运行等整个过程中对环境带来的负面影响，做到工程与环境的协调。

另外，从环境保护定义来看，环境保护一般是指人类为解决现实或潜在的环境问题，协调人类与环境的关系，保护人类的生存环境、保障经济社会的可持续发展而采取的各种行动的总称，由此可以看出对于大中型水电工程，环境保护工作应解决工程对环境的影响，协调与人类社会的关系，保证可持续发展等。同时鉴于水电工程与河流的关系密不可分，从国内外河流健康的定义来看，河流健康一方面是河流自身生态系统的完整性，在时空变化过程中是否能够保持其各项功能，即侧重于河流生态环境的协调性；另一方面是河流的社会价值，是否能够满足人类日益增长的物质需求，即需满足社会性和可持续性[7]。由此可以看出，大中型水电工程的建设和运行需做好工程与河流健康的协调，也需满足周边人类社会经济可持续发展。金伟良等[5]认为结构绿色设计的对象应该是结构对相关人群的影响、结构对所处环境的影响以及结构对区域乃至全球生态系统的影响。综上所述。大中型水电工程绿色设计需满足环境协调、社会满意和可持续发展三大目标。大中型水电工程绿色设计理论的目标层次见图 2.2。

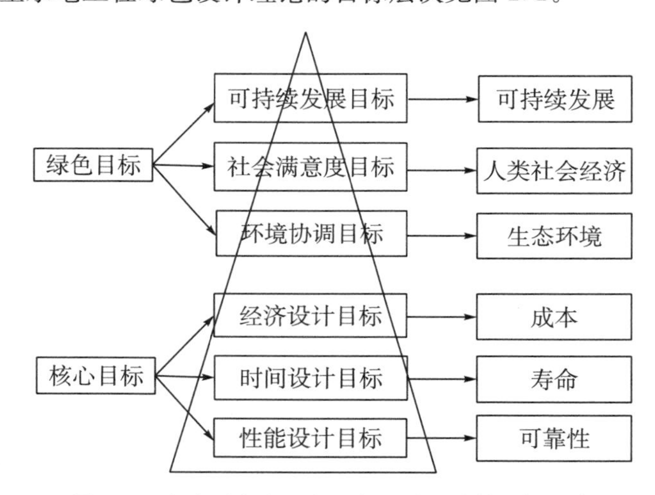

图 2.2　大中型水电工程绿色设计理论的目标层次

1）环境协调

环境协调主要是以大中型水电工程的建设和运行对生态环境的最低影响为目标，这是环境影响评价报告书的主要研究内容。环境协调宏观上以定性和定量相结合的方式分析大中型水电工程的直接和间接、有利和不利环境影响，可用环境影响经济损益来衡量工程对环境的总体影响；微观上关注工程对具体环境敏感项目的影响，并结合工程环境影响评价文件要求，尤其关注环境保护措施，重点关注长期和累积性影响因子等方面，可分别从生态敏感性、环境保护和水土保持设计执行情况等方面分析。为此，环境协调可由环境总体影响、环境敏感程度、环境保护对策措施等组成。

2）社会满意

社会满意目标主要体现大中型水电工程“以人为本”的发展理念，充分考虑工程相关方的利益，以人类社会经济发展为对象。大中型水电工程相关方主要包括地方政府、水库周边居民、工程移民等，随着我国社会经济的发展，各相关方往往更加关注工程建设对地方经济社会发展的带动作用和对自身生产生活的影响，例如电站建设所需要的人工，采用本地化用工可以增加当地就业，用区域经济贡献率衡量。同时随着我国水电工程的蓬勃发展，重大工程安全技术问题已基本解决，移民问题已逐渐变为社会公众关注的重点，已成为制约工程建设的关键因素，从单位装机移民人数、移民环境容量比两方面衡量。另外水电工程属于清洁能源，投产发电后，环境保护效益显著，可替代受电地区的燃煤类化石电站，节省标煤，减少二氧化碳和大量粉尘排放，为地区节能减排目标做贡献，用能源替代效应衡量。为此，社会满意可由促进地方经济发展、移民安置、减排效益等组成。

3）可持续发展

水电工程可持续评价通常主要从社会经济、环境和管理可持续性三方面进行评价，其中环境和社会经济在前节描述，本节关于可持续发展指标主要基于工程可持续建设和运行。财务是一切工作的基础，只有具备一定财务能力，才能保证工程顺利推进和有效运行，用财务内部收益率衡量；社会稳定是工程建设的保障，如果因电站建设和运行影响社会稳定，发生群体性事件，电站也将无法正常开工建设和顺利运行，用社会稳定风险衡量；工程前期论证需满足国家相关政策和规划，其合法性是项目开工的前提，也是工程建设连续性的前提，用项目前期工作和项目设计的合法性衡量；大中型水电工程建设和运行条件复杂，只有具备了一定的管理能力，才能有效化解施工和运行中各类矛盾，保证电站按期建成和稳定有序运行，用工程管理能力衡量。为此，可持续发展可由财务生存能力、社会稳定、政策与规划合法性、工程管理等组成。

综上所述，大中型水电工程绿色设计评价体系及相应计算方法见表 2.1。

表 2.1　大中型水电工程绿色设计评价体系及相应计算方法

准则层	分类层	指标层	计算方法
环境协调 A	环境总体影响 A_1	环境影响经济损益 A_{11}	定性分析
	环境敏感程度 A_2	生态敏感性 A_{21}	定性分析
	环境保护对策措施 A_3	环境保护和水土保持设计执行情况 A_{31}	定性分析

续表2.1

准则层	分类层	指标层	计算方法
社会满意 B	促进地方经济发展 B_1	区域经济贡献率 B_{11}	$s=\frac{1}{n}\sum_{i=1}^{n}\frac{G_{z,i}}{T_{z,i}}\times 100\%$ 式中：s 为区域经济贡献率，%；$G_{z,i}$ 为评价期内第 i 年水电站的区域经济贡献总额，万元；$T_{z,i}$ 为评价期内第 i 年电站的资产总额，万元；n 为评价期
	移民安置 B_2	单位装机移民人数 B_{21}	$R_y=\frac{N_y}{W}$ 式中：R_y为单位装机移民人数，人/万 kW；N_y为水电站移民人数，人；W 为水电站装机容量，万 kW
		移民环境容量比 B_{22}	$r_m=\frac{N_r}{N_y}$ 式中：r_m为移民环境容量比；N_r为安置区内能够安置的移民人数，人；N_y为移民总人数，人
	减排效益 B_3	能源替代效应 B_{31}	$\rho=\frac{1}{n}\sum_{i=1}^{n}\frac{W_iU_i}{100C}$ 式中：ρ 为能源替代效应，t/kW；W_i 为评价期内第 i 年水电站的年发电量，万 kW·h；U_i 为评价期内第 i 年的单位千瓦时火电的煤耗，g/（kW·h）；C 为水电站设计装机容量，kW
可持续发展 C	财务生存能力 C_1	财务内部收益率 C_{11}	$\sum_{i=1}^{n}(CI-CO)_i\times(1+FIRR)^{-i}=0$ 式中：$FIRR$ 为财务内部收益率，%；CI 为现金流入量，万元；CO 为现金流出量，万元；$(CI-CO)_i$ 为评价期第 i 年的净现金流量，万元；i 为评价期各年的年序，基准年的序号为1；n 为评价期
	社会稳定 C_2	社会稳定风险 C_{21}	定性分析
	政策与规划合法性 C_3	项目前期工作和项目设计的合法性 C_{31}	定性分析
	工程管理 C_4	工程管理能力 C_{41}	定性分析

2.2.2 评价指标等级标准

评价指标分为定量指标和定性指标，评价等级分为“好、良好、中等、较差、差”，对应评价值区间为（4，5]，（3，4]，（2，3]，（1，2]，（0，1]。各指标划分标准参考相关标准和研究成果[8]，对于定性指标，评价为好得 5 分，评价为中等得 3 分，评价为差得 1 分，评价分数即为评价值；对于定量指标，在求得计算值后采用内插法转换为评价值。大中型水电工程绿色设计指标评价标准见表 2.2。

表 2.2　大中型水电工程绿色设计指标评价标准

指标	好	良好	中等	较差	差
A_{11}	环境影响经济效益大于环境影响经济损失，且超过5%	—	环境影响经济效益接近环境影响经济损失，偏差在±5%之间	—	环境影响经济效益小于环境影响经济损失，且超过5%
A_{21}	建设区域内不存在各类环境敏感区	—	建设区域内存在环境敏感区，对环境敏感区科学有效保护，并纳入环境影响评价报告	—	建设区域内存在环境敏感区，未依法采取有效的保护措施
A_{31}	按时依法编制环境保护设计报告与水土保持报告，并通过相应主管部门审查	—	编制环境保护设计报告与水土保持报告，但还未报审	—	未依法开展环境保护和水土保持设计工作
B_{11}	>300%	(230%，300%]	230%	[200%，230%)	<200%
B_{21}	<10	[10，50)	[50，100)	[100，200)	≥200
B_{22}	≥3	(3，2]	(2，1.5]	(1.5，1]	<1
B_{31}	>0.7	(0.5，0.7]	0.5	[0.3，0.5)	<0.3
C_{11}	大于或等于财务基准收益率	—	—	—	小于财务基准收益率
C_{21}	按时依法编制社会稳定风险分析报告，评价结论为社会稳定低风险，且给出风险控制措施	—	依法编制社会稳定风险分析报告，评价结论为采取风险控制措施后为低风险，但还未报审	—	未依法编制社会稳定风险分析报告
C_{31}	依法开展项目前期工作，并履行项目审批核准程序，水电站规划及其审查批复文件的要求在水电站设计中得到全面落实	—	—	—	不符合评好规定
C_{41}	工程管理组织机构的设置、管理制度的制定及运行完善，人员、技术、资金等满足项目工程设计要求	—	工程管理组织机构人员、技术、资金等基本满足项目工程设计要求，存在一定的问题，但对工程的开展不构成制约	—	工程管理组织机构的设置、管理制度的制定及运行不完善，人员、技术、资金等无法满足项目工程设计要求

2.3 绿色施工评价指标体系

2.3.1 评价指标体系构建

良好的生态环境是人和社会持续发展的根本基础，节约资源和保护环境是我国的基本国策，党的十九大报告关于我国生态文明体制改革提出了必须坚持节约优先、保护优先、自然恢复为主的方针，形成节约资源和保护环境的空间格局。本书根据大中型水电工程施工特点，重点围绕节约资源和保护环境开展相关指标分析，同时考虑大中型水电工程和建筑工程施工均属工程建设管理范畴，主要区别在于施工的结构主体类型不同，但施工管理流程均有许多相近之处，考虑工程管理是完成工程建设的必要条件。此外，本书也结合建筑工程绿色施工框架体系（见图 2.3），引入了施工管理指标，同时考虑大中型水电工程施工较建筑工程涉及社会环境更复杂、管理范围更广，也存在许多差异性和特殊性，采取综合管理指标。为此，大中型水电工程绿色施工评价指标体系主要由环境保护、资源节约、综合管理组成。

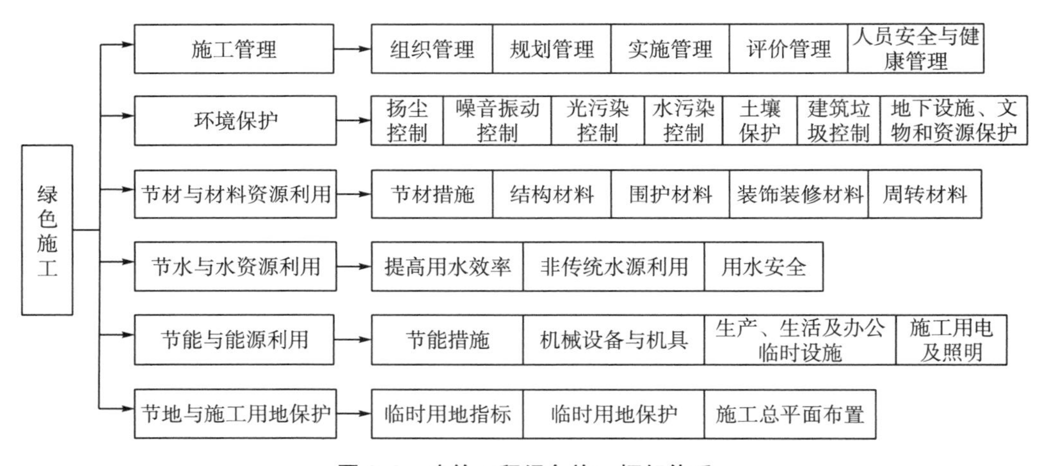

图 2.3 建筑工程绿色施工框架体系

2.3.1.1 环境保护

环境保护指标按照大中型水电工程施工过程中环境因素影响，涵盖水、大气、噪声、固体废物、陆生生物、水生生物、水土保持等各个方面，施工过程中以上环境因素在采取相关措施后，对环境的影响能够得到有效控制，最大限度地减少对环境的负面影响，可以体现为绿色。

2.3.1.2 资源节约

大中型水电工程无论是混凝土坝还是土石坝，建设过程中施工土石方开挖支护、混凝土生产浇筑、灌浆工程以及机电安装等各方面会消耗大量钢筋、水泥、砂石、柴油、汽油、电和水，能量和资源消耗巨大。据不完全统计，材料和资源投入占电站建安工程投资的70%。同时大中型水电工程枢纽工程建设区（主要包括枢纽工程建筑物及工程永久管理区、料场、渣场、施工企业、场内施工道路、工程建设管理区）会占用大量土地。如何在施工过程中优化施工方案和施工布置，减少能源和资源的使用，加强各类资源的回收利用，提高能源和土地使用率，也是绿色的体现。

2.3.1.3　综合管理

按照全覆盖、不重叠的原则，根据大中型水电工程施工特点，综合管理主要包括组织管理、实施管理、人群健康管理、外部监督。

组织管理是大中型水电工程能够顺利推进的制度保证，组织机构混乱，绿色施工也难以实施。其中，"三同时"制度是指建设项目中的环境保护设施必须与主体工程同时设计、同时施工、同时投入使用的制度，与环境影响评价制度相辅相成，是有效落实污染防治措施的重要制度保障。

实施管理是绿色施工的过程管控。环境问题整改率是施工过程中环境监督管理部门提出问题的整改落实情况，是体现工程PDCA闭合循环水平的重要标志；水电工程施工区环境保护知识面广，由于现场管理人员多以水工、金结、地质等专业为主，对水电工程环境保护特点了解不够，现场调研发现，部分施工管理人员知道环境保护的重要性，但不知道具体该怎么做，为此，需开展宣传和培训，提高施工区各级管理人员环境保护认识。大中型水电工程建设可能增加周边环境风险，环境风险防范与应急管理可以掌握工程自身环境风险状况，提出合理可行的防范、应急与减缓措施，保护施工区和周边人民群众生命财产安全。

人群健康管理是绿色施工"以人为本"理念的体现。工程建设过程中施工人员多而聚集，若不加强卫生防疫和饮用水卫生管理，有可能造成传染病流行，同时施工人员来自不同地区，可能会带来其居住地的病原体，相互感染，如不加强预防检疫，可能导致疾病流行。此外，大中型水电工程施工安全风险高，施工粉尘、噪声等环境条件差，且点多面广，较其他建筑行业安全风险和职业病更为突出，加强施工人员安全与职业健康管理显得尤为重要。

外部监督是绿色施工的外部保障。政府部门督察可督促建设单位有效落实和运行各项环境保护措施，与施工区周边居民关系可以有效反映施工过程对周边环境的影响。

大中型水电工程绿色施工评价指标体系见表2.3。

表 2.3　大中型水电工程绿色施工评价指标体系

准则层	分类层	指标层	指标类型
环境保护 D	地表水环境 D_1	生产废水处理 D_{11}	定量指标
		生活污水处理 D_{12}	定量指标
	地下水环境 D_2	地下水位控制 D_{21}	定量指标
		地下水质控制 D_{22}	定量指标
	大气环境 D_3	施工场界外敏感区环境空气控制 D_{31}	定量指标
		施工生产区环境空气控制 D_{32}	定量指标
	声环境 D_4	厂界外敏感区噪声控制 D_{41}	定量指标
		施工生产区噪声控制 D_{42}	定量指标
		施工道路噪声控制 D_{43}	定量指标
		爆破噪声控制 D_{44}	定量指标
	固体废物 D_5	工程弃渣处理 D_{51}	定性指标
		生活垃圾处理 D_{52}	定性指标
		危险废物收集和处置 D_{53}	定量指标
	陆生生态保护 D_6	陆生植物保护措施 D_{61}	定性指标
		陆生动物保护措施 D_{62}	定性指标
	水生生态保护 D_7	水生生态保护措施 D_{71}	定性指标
	水土保持 D_8	土壤流失控制比 D_{81}	定量指标
		拦渣率 D_{82}	定量指标
		林草植被恢复率 D_{83}	定量指标
资源节约 E	材料利用 E_1	节材措施 E_{11}	定性指标
		就近取材率 E_{12}	定量指标
	水资源利用 E_2	生产用水量控制 E_{21}	定量指标
		水资源节约率 E_{22}	定量指标
	能源利用 E_3	能源利用率 E_{31}	定量指标
	土地资源利用 E_4	土地节约集约利用 E_{41}	定量指标
		表土收集 E_{42}	定量指标

续表2.3

准则层	分类层	指标层	指标类型
综合管理 F	组织管理 F_1	环境管理组织体系 F_{11}	定性指标
		环境管理办法 F_{12}	定性指标
	实施管理 F_2	“三同时”落实 F_{21}	定性指标
		环境问题整改率 F_{22}	定量指标
		宣传及培训 F_{23}	定性指标
		环境风险防范与应急管理 F_{24}	定量指标
	人群健康管理 F_3	卫生防疫 F_{31}	定量指标
		饮用水水质 F_{32}	定量指标
		安全与职业健康 F_{33}	定量指标
	外部监督 F_4	政府部门督察 F_{41}	定量指标
		与施工区周边居民关系 F_{42}	定量指标

2.3.2　评价指标等级标准

定量指标计算以实测数据或相关统计结论为依据，其评价标准参考国家相关法律法规、规范标准以及各类管理制度。定性指标因为无法量化，其评价主要依靠主观判断，本节采用环境管理成熟度等级判定[9]。大中型水电工程绿色施工评价定量指标评价标准见表 2.4。

表 2.4　大中型水电工程绿色施工评价定量指标评价标准

分类层	指标	评价方法和标准	好	良好	中等	较差	差
地表水环境 D_1	生产废水处理 D_{11}	《污水综合排放标准》或回收利用不外排	达标	—	—	—	超标
	生活污水处理 D_{12}	《污水综合排放标准》或回收利用不外排	达标	—	—	—	超标
地下水环境 D_2	地下水位控制 D_{21}	洞室开挖未对地下水或地表水造成影响	是	—	—	—	否
	地下水质控制 D_{22}	《地下水环境质量标准》	达标	—	—	—	超标
大气环境 D_3	施工场界外敏感区环境空气控制 D_{31}	《环境空气质量标准》	达标	—	—	—	超标
	施工生产区环境空气控制 D_{32}	《环境空气质量标准》	达标	—	—	—	超标

续表2.4

分类层	指标	评价方法和标准	好	良好	中等	较差	差
声环境 D_4	厂界外敏感区噪声控制 D_{41}	《声环境质量标准》	达标	—	—	—	超标
	施工生产区噪声控制 D_{42}	《建筑施工场界环境噪声排放标准》	达标	—	—	—	超标
	施工道路噪声控制 D_{43}	《建筑施工场界环境噪声排放标准》	达标	—	—	—	超标
	爆破噪声控制 D_{44}	夏冬季爆破时间严格在规定的时间内，严禁夜间爆破	是	—	—	—	否
固体废物 D_5	危险废物收集和处置 D_{53}	《危险废物规范化管理指标体系》	55	50～55	43～50	33～43	<32
水土保持 D_8	土壤流失控制比 D_{81}	《开发建设项目水土流失防治标准》	≥0.7	—	—	—	<0.7
	拦渣率 D_{82}	《开发建设项目水土流失防治标准》	≥95%	—	—	—	<95%
	林草植被恢复率 D_{83}	《开发建设项目水土流失防治标准》	≥80%	60%～80%	40%～60%	20%～40%	<20%
材料利用 E_1	就近取材率 E_{12}	施工现场 500 km 以内生产的建筑材料用量占建筑材料总使用量的比例	≥70%	50%～70%	40%～50%	20%～40%	<20%
水资源利用 E_2	生产用水量控制 E_{21}	单位 GDP 用水量指标与全国平均水平比	≤60%	60%～80%	80%～120%	120%～150%	≥150%
	水资源节约率 E_{22}	废水回收利用量与用水量比	≥90%	70%～90%	50%～70%	30%～50%	<30%
能源利用 E_3	能源利用率 E_{31}	工程综合能耗指标与国家或地区制定的国内生产总值能耗综合指标比	≤60%	60%～80%	80%～120%	120%～150%	≥150%

续表2.4

分类层	指标	评价方法和标准	好	良好	中等	较差	差
土地资源利用 E_4	土地节约集约利用 E_{41}	单位建设用地 GDP 与全国平均水平比	≤60%	60%～80%	80%～120%	120%～150%	≥150%
	表土收集 E_{42}	表土收集量与水土保持方案报告书要求收集量比	≥90%	70%～90%	50%～70%	30%～50%	<30%
实施管理 F_2	环境问题整改率 F_{22}	现场发现问题整改闭合率	100%	90%～100%	70%～90%	50%～70%	<50%
	环境风险防范与应急管理 F_{24}	环境应急预案是否通过备案和开展现场演练	是	—	—	—	否
人群健康管理 F_3	卫生防疫 F_{31}	是否发生因工程引起的环境变化带来的传染病、地方病，是否发生交叉感染或生活卫生条件引发传染病流行	否	—	—	—	是
	饮用水水质 F_{32}	《生活饮用水卫生标准》	是	—	—	—	否
	安全与职业健康 F_{33}	《电力工程建设项目安全生产标准化规范及达标评级标准》	≥90	80～90	70～80	60～70	<30
外部监督 F_4	政府部门督察 F_{41}	政府督查发现问题是否按要求及时整改	是	—	—	—	否
	与施工区周边居民关系 F_{42}	是否建立畅通的沟通和解决问题渠道，投诉是否及时处理	是	—	—	—	否

2.3.2.1　定量指标等级标准

表 2.4 中，“好、良好、中等、较差、差”五个等级对应的评价值区间为（4，5]，（3，4]，（2，3]，（1，2]，（0，1]。对于地表水环境 D_1、地下水环境 D_2、大气环境 D_3、声环境 D_4 等所含评价指标一般具有多个监测点位，按照“木桶理论”，对于各点位监测指标全部达标，评价为好，取值 5 分，对于监测指标有超标，评价为差，取值 1 分，然后依据各污染源设计处理量或监测点位数加权求得计算值，此时计算值即为评价值；对于危险废物收集和处置 D_{53}、就近取材率 E_{12} 等评价指标，求得计算值后再根据标准区间采用内插法得出评价值。

2.3.2.2　定性指标等级标准

环境管理成熟度模型是一种衡量工程项目环境管理水平达到某种程度的模型方法，

该方法可以让企业了解本项目的环境管理状况，不断完善项目环境管理能力[9]。参照哈罗德·科兹纳项目管理成熟度模型，构建了从低到高分别为“无序级、简单级、规范级、改善级、精益级”五级环境管理成熟度发展模型，成熟度级别分别对应“好、良好、中等、较差、差”五个等级，见表2.5。

表2.5　环境管理成熟度等级特征

成熟度级别	指标得分	等级	主要特征
无序级	0～1	差	完全从经济利益出发，无环境管理意识
简单级	1～2	较差	有环境管理意识，但仅从理论分析上考虑了对生态环境的影响，实施、评估环节应用较少
规范级	2～3	中等	分析了对生态环境的影响，在项目实施过程中根据标准采取适当应对措施，较好地考虑了项目的环境效益
改善级	3～4	良好	对生态环境因素进行定性、定量的深刻分析，并在实施各阶段采取了对应措施
精益级	4～5	好	环境管理手段不断改进和优化，可以适当地牺牲经济效益以达到生态环保的目的

定性指标计算按照各指标评价内容（见表2.6）和环境管理成熟度等级标准，采用专家组（数量m）评分法打分。对于指标在（0，1）无序级，记为N_1，N_1最大为1，在（1，2）简单级，记为N_2，N_2最大为2，以此类推，记为N_i。专家组对各定性指标处于第i个等级的投票数为N_j（$0\leqslant j\leqslant m$）。根据式（2－1），得出定性指标的计算值，由于无序度和等级区间划分一致，此时计算值即为评价值。

$$X_{ij}=\frac{\sum_{i=1}^{5}(N_i\times N_j)}{m}(i=1,2,3,4,5;0\leqslant j\leqslant m) \tag{2-1}$$

表2.6　大中型水电工程绿色施工定性指标评价内容

分类层	指标层	评价内容
固体废物D_5	工程弃渣处理D_{51}	①应结合施工总布置和施工总进度做好整个工程的土石方平衡，并应统筹规划弃渣场地；②工程弃渣分类存放，有用料运输至有用料场，废渣运输至指定渣场，不存在沿途乱堆乱弃；③弃渣场和存料场须满足水土流失防护和安全稳定等要求
	生活垃圾处理D_{52}	①施工区各区域设置垃圾桶，并定期清理；②生活垃圾按时运输至垃圾填埋场
陆生生态保护D_6	陆生植物保护措施D_{61}	①对施工区名木古树进行保护；②施工过程中，尽量减少对原生植物的破坏或开展移栽，并及时开展植被恢复
	陆生动物保护措施D_{62}	①在施工区人口密集区域设立野生动物保护警示牌，提醒施工人员保护野生动物；②施工过程中，尽量避免破坏动物栖息的洞穴、窝巢等，发现动物的卵或幼体，及时交专业人员护理

续表2.6

分类层	指标层	评价内容
水生生态保护 D_7	水生生态保护措施 D_{71}	①在施工区人口密集区域设立水生生态保护警示牌，提醒施工人员保护水生生态，禁止沿江钓鱼或撒网捕捞；②按照环评报告书要求同步建设相关水生生态保护措施
材料利用 E_1	节材措施 E_{11}	①利用边坡工程、地下工程开挖有用料作为混凝土骨料，减少料场开挖量；②在满足设计要求和施工安全的条件下，采用新技术、新设备、新工艺、新材料减少施工材料使用(例如掺入粉煤灰、减水剂等材料降低混凝土水泥用量。采用液压爬模施工技术，提高模板、脚手架体系的周转率等)；③临建设施应统筹考虑重复利用，采用可拆迁、可回收利用材料
组织管理 F_1	环境管理组织体系 F_{11}	建立环境保护管理体系，明确各单位职责分工和任务目标
	环境管理办法 F_{12}	结合工程特点和组织体系，制定相应的过程控制、验收、奖惩等管理办法
实施管理 F_2	“三同时”落实 F_{21}	各项环境保护措施是否按照环评要求与主体工程同时设计、同时施工、同时投入运行
	宣传及培训 F_{23}	结合工程特点，有针对性地对环境保护相关法律法规、技术标准作相应的宣传，通过宣传营造保护环境和创建绿色施工的氛围

2.4　绿色水电评价指标体系

2.4.1　评价指标体系构建

绿色水电是针对水电工程运行期评价，相关学者已研究较多，本书评价采用文献[6]中构建的绿色水电评价指标体系，从河流水文特征、河流水质、河流形态、河流连通性、生物生境、生物群落、河流景观7个方面进行评价。

2.4.1.1　水文特征

水电站建成后显著改变水库和下游河段水文特征，对天然河道水资源利用、水质、水温、水生态、区域景观、局地气候甚至陆生生态等产生间接或直接影响，河流水文特征的变化是其他一系列环境因子变化的主导因子。水文特征指标需反映水量及其动态变化过程两个方面的要求。工程下游河流生态流量按照最小量满足准则，需综合考虑维持水生生态系统稳定所需水量、坝下取水单位及水资源管理所需水量、维持河道水环境功能所需水量等；电站下闸蓄水后，将导致坝下河段急剧减水，水文过程发生明显变化，影响坝下江段鱼类产卵活动，甚至导致受精卵、仔幼鱼干枯死亡。天然水文过程是维持河流生物多样性最重要的因素之一。水文特征采用生态需水量满足率和修正的年径流量偏差比例两个指标。

2.4.1.2　河流水质

库区水环境容量、下泄低温水和泄流时气体过饱和是突出的水环境问题。水库蓄水后，回水区域内水位上涨，水体容量变大，但河流流速减缓，这将不利于水体充氧和有机物扩散迁移，可能引起排污口附近局部范围污染物浓度升高。此外，水库初期蓄水阶段，坝址处下泄的流量有较大的减少，对坝址下游的水质将产生一定的影响；水库蓄水后库内水温将与建库前原有河道有较大的区别，对下泄水温产生一定影响；电站泄洪时期，气体过饱和现象将引起鱼类发生气泡病甚至死亡。河流水质采用库区水质污染指数、库区营养状态、下泄低温水和气体饱和度的影响程度及影响范围三个指标。

2.4.1.3　河流形态

河流水—陆两相和水—气两相的紧密关系，上、中、下游的生境异质性，河流纵向的蜿蜒性，河流的横断面形状多样性，河床材料的透水性及多孔性等形态多样性是维持河流生物群落多样性的重要基础。河流流量、流速、水深、水温、水文过程变化、河床材料动态变化等多种生态因子的异质性形成了丰富的生境多样性，造就了丰富的河流生物群落多样性。河流形态的主要指标围绕河道侵蚀和河道形态等因素的定量描述，采用淤积率和排沙比两个指标。

2.4.1.4　河流连通性

河流连通性是指自然河道的连通状况，主要有干流与干流、干流与支流之间的纵向连通，河道与河岸、地表水与地下水的横向连通。水电工程修建后使得河流上下游的纵向连接阻断，对河流自净能力和生物洄游等产生不利影响，形成阻隔效应。河流连通性采用河流连通有效性指标。

2.4.1.5　生物生境

河流生境是河流生物和河流物理环境的自然联系。河流生态系统由非生物部分和生物部分组成，非生物部分主要包括水文、气象、地形、地质、水质等无机物质等，生物部分主要包括陆生生物（森林植被、珍稀陆生生物、野生生物）和水生生物（水生植物、珍稀水生生物、鱼类、浮游生物、底栖动物）等，其中鱼类和底栖动物对河流生境的变化最为敏感。水流和底质条件是河流生境的最主要因素，影响生物群落的组成和多样性。生物生境采用栖息地评估指标，一般采用栖息地环境质量评价指数（QHEI）开展定性评估。

2.4.1.6　生物群落

河流水文特征、形态等因素变化会对水生生物的种群密度、群落结构等产生影响，河流生物群落指标是水生生物对各种影响因子响应的具体体现。生物群落采用鱼类种类变化率和库区物种多样性指数变化率两个指标。

2.4.1.7　河流景观

河流景观涵盖了水库、河岸自然景观以及人文历史景观三个维度，体现了大中型水电工程生态价值与人类社会人文价值的统一。“看万山红遍，层林尽染，鹰击长空，鱼翔浅底，万类霜天竞自由”描述了一幅美丽的河流景观，也正体现了生态文明建设“山水林田湖草”的完美结合。河流景观采用植被覆盖率和景观多样性指数变化率两个指标。

各指标计算方法参考国家相关规范标准和已有研究成果，大中型水电工程绿色水电评价指标体系及相应计算方法见表2.7。

表2.7　大中型水电工程绿色水电评价指标体系及相应计算方法

分类层	指标层	指标计算方法
水文特征 F_1	生态流量满足率 F_{11}	$\frac{满足下泄生态流量要求月份数}{12个月}\times 100\%$
	修正的年径流量偏差比例 F_{12}	$X_{ij}=\frac{\sum_{i=1}^{5}(N_i\times N_j)}{m}(i=1,2,3,4,5;0\leqslant j\leqslant m)$ 式中：r_i 为第 i 月调节径流量；r_{i0} 为第 i 月天然径流量；$\overline{r_{i0}}$ 为天然径流量平均值
河流水质 F_2	库区水质污染指数 F_{21}	$\bar{P}=\frac{1}{n}\sum_{i=1}^{n}P_i$ 式中：$P_i=C_i/C_0$，其中 C_i 为某种污染因子实测浓度；C_0 为该因子标准值；n 为水质指标数
	库区营养状态 F_{22}	营养状态指数
	下泄低温水和气体饱和度的影响程度和影响范围 F_{23}	定性分析
河流形态 F_3	淤积率 F_{31}	（淤积损失总库容/初始总库容）×100%
	排沙比 F_{32}	（出库泥沙量/入库泥沙量）×100%
河流连通性 F_4	河流连通有效性 F_{12}	闸坝、水电站等水利工程个数/每百km[13]
生物生境 F_5	栖息地评估指标 F_{51}	定性分析
生物群落 F_6	鱼类种类变化率 F_{61}	（运行后鱼类种类数/运行前鱼类种类数）×100%
	库区物种多样性指数变化率 F_{62}	$\alpha=\frac{H_{建库后}-H_{建库前}}{H_{建库前}}, H=-\sum_{i=1}^{n}P_i\cdot\ln P_i$ 式中：H 为生物多样性指数；n 为物种数；P_i 为物种 i 的个体数占总个体数的比例
河流景观 F_7	植被覆盖率 F_{71}	$R_V=\frac{S_{植}}{S_{总}}$ 式中：R_V 为植被覆盖率；$S_{植}$ 为流域植被覆盖面积；$S_{总}$ 为流域土地面积
	景观多样性指数变化率 F_{72}	$\alpha=\frac{SHDI_{建库后}-SHDI_{建库前}}{SHDI_{建库前}}, SHDI=-\sum_{i=1}^{n}P_i\cdot\ln P_i$ 式中：$SHDI$ 为景观多样性指数；P_i 是生态系统类型 i 在景观中的面积比例；n 为景观类型数量

2.4.2　评价指标等级标准

根据相关规范和已有研究[10]确定各指标分级标准，见表2.8。

表 2.8 绿色水电环境评价指标分级标准

指标		好	良好	中等	较差	差
生态需水量满足率 F_{11}		60%～100%	30%～60%	20%～30%	10%～20%	0～10%
修正的年径流量偏差比例 F_{12}		0～2	2～4	4～6	6～8	8～10
库区水质污染指数 F_{21}	有机	0～0.5	0.5～1	1～2	2～3	3～4
	有毒	0～0.2	0.2～0.4	0.4～0.7	0.7～1.0	1.0～2.0
库区营养状态 F_{22}		0～20（贫营养化）	20～50（贫～中营养化）	50～60（中营养化）	60～80（中～富营养化）	80～100（富营养化）
下泄低温水和气体饱和度的影响程度和影响范围 F_{23}		80～100（基本没有影响）	60～80（影响程度轻微，范围有限）	50～60（影响程度和范围一般）	20～50（影响程度严重，范围广泛）	0～20（影响程度和范围重大）
淤积率 F_{31}		0～20%	20%～40%	40%～60%	60%～80%	80%～100%
排沙比 F_{32}		80%～100%	60%～80%	40%～60%	20%～40%	0～20%
河流连通有效性 F_{41}		80～100	60～80	40～60	20～40	0～20
栖息地评估指标 F_{51}[10]		70～100	55～70	40～55	20～40	0～20
鱼类种类变化率 F_{61}		0～5%	5%～10%	10%～20%	20%～25%	25%～100%
库区物种多样性变化 F_{62}		0	−0.25～0	−0.5～−0.25	−0.75～−0.5	−1.0～−0.75
植被覆盖率 F_{71}		0.4～0.5	0.3～0.4	0.2～0.3	0.1～0.2	0～0.1
景观多样性变化 F_{72}		0	−0.25～0	−0.5～−0.25	−0.75～−0.5	−1.0～−0.75

同样，表 2.8 中“好、良好、中等、较差、差”五个等级对应的区间为（4，5]，（3，4]，（2，3]，（1，2]，（0，1]，各指标求出计算值后根据区间标准采用内插法转化为评价值。

2.5 评价方法

目前评价方法较多，最常用的主要有层次分析法、TOPSIS 法、灰色系统理论法、熵权法、模糊物元分析法等。

2.5.1 *层次分析法*

层次分析法（Analytic Hierarchy Process，AHP）是一种定性和定量相结合的、系统化的、层次化的分析方法，是由美国运筹学家萨蒂（Satty）于 20 世纪 70 年代提出，它特别适用于分析解决一些结构比较复杂、难以量化的多目标（多准则）决策问题中因素的权重确定和方案排序等。层次分析法的基本步骤可以归纳如下。

（1）建立层次结构模型。

该模型顶层为目标层，中间为准则层（根据问题复杂程度，每项准则还可以细分为若干子准则），最下层为指标层，见图 2.4。

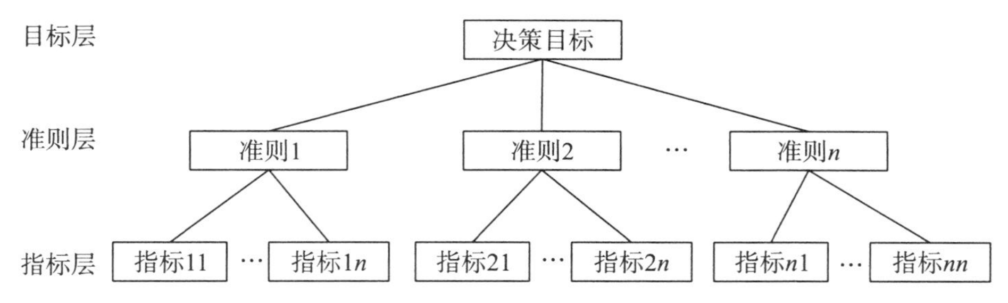

图 2.4　层次分析法结构模型

（2）求本层次要素相对上一层要素的权重。

将本层次要素 A_i 和 A_j（i，$j=1$，2，…，n）相对于上一层要素按照重要程度进行两两比较，比较时取 1～9 标度（见表 2.9），得到判断矩阵 $(a_{ij})_{n\times n}$。

$$\mathbf{A}=(a_{ij})_{n\times n}=\begin{bmatrix} a_{11} & a_{12} & \cdots & a_{1n} \\ a_{21} & a_{22} & \cdots & a_{2n} \\ \vdots & \vdots & & \vdots \\ a_{n1} & a_{n2} & \cdots & a_{nn} \end{bmatrix} \tag{2-2}$$

表 2.9　9 级标度表

a_{ij}	定义	a_{ij}	定义
1	A_i 和 A_j 同等重要	6	介于明显与十分明显重要之间
2	介于同等与略微重要之间	7	A_i 较 A_j 十分明显重要
3	A_i 较 A_j 略微重要	8	介于十分明显重要与绝对重要之间
4	介于略微与明显重要之间	9	A_i 较 A_j 绝对重要
5	A_i 较 A_j 明显重要		

（3）求判断矩阵的特征向量。

求判断矩阵的特征向量 $(w_1, w_2, \cdots, w_n)^{\mathrm{T}}$，该向量标志要素 A_1，A_2，…，A_n 相应于上层要素的重要性程度排序。求特征向量可应用线性代数中的方法，但一般可应用和法或根法近似计算。

①和法。先对判断矩阵的每列求和得 $\sum_{i=1}^{m} a_{ij}$，令 $b_{ij}=\dfrac{a_{ij}}{\sum_{i=1}^{m} a_{ij}}$，并计算得到

$$w_i=\sum_{j=1}^{n}\frac{b_{ij}}{n} \tag{2-3}$$

②根法。先计算 $\overline{w_i}=\left(\prod_{j=1}^{n} a_{ij}\right)^{\frac{1}{n}}$，再进行归一化处理得

$$w_i = \frac{\overline{w_i}}{\sum_{i=1}^{n} \overline{w_i}}, \quad \mathbf{W} = (w_1, w_2, \cdots, w_n)^{\mathrm{T}} \tag{2-4}$$

（4）计算最大特征值 $\lambda_{\max}$，对判断均值进行一致性检验。

上述计算得到的 w_i 能否作为下层要素对上层某一排序的依据，需要检验判断矩阵中的 a_{ij} 值之间是否具有一致性，当判断矩阵具有一致性时，$a_{ij}=w_i/w_j$，因而判断矩阵可写为

$$\mathbf{A} = (a_{ij})_{n\times n} = \begin{pmatrix} w_1/w_1 & w_1/w_2 & \cdots & w_1/w_n \\ w_2/w_1 & w_2/w_2 & \cdots & w_2/w_n \\ \vdots & \vdots & & \vdots \\ w_n/w_1 & w_n/w_2 & \cdots & w_n/w_n \end{pmatrix} \tag{2-5}$$

$$\mathbf{AW} = \mathbf{A} \begin{bmatrix} w_1 \\ w_2 \\ \vdots \\ w_n \end{bmatrix} = n \begin{bmatrix} w_1 \\ w_2 \\ \vdots \\ w_n \end{bmatrix} = n\mathbf{W} \tag{2-6}$$

n 为特征值，当判断矩阵完全一致时有 $\lambda_{\max}=n$，当判断矩阵在一致性上存在误差时有 $\lambda_{\max}>n$，误差越大，（$\lambda_{\max}-n$）的值就越大，其中

$$\lambda_{\max} = \frac{1}{n} \sum_{i=1}^{n} \frac{\sum_{j=1}^{n} a_{ij} w_j}{w_j} \tag{2-7}$$

在层次分析法中，CI（Consistency Index）值作为检验判断矩阵一致性的指标，其中

$$CI = \frac{\lambda_{\max} - n}{n-1} \tag{2-8}$$

当判断矩阵的阶数 n 越大时，一致性越差，为消除阶数对一致性检验的影响，引入修正 RI（Random Index）值，并最终用一致性比例 CR（Consistency Ratio）值作为判断矩阵是否具有一致性的检验标准，其中

$$CR = \frac{CI}{RI} \tag{2-9}$$

当计算得到 CR 值小于 0.1 时，认为判断矩阵具有一致性。RI 值随矩阵阶数 n 变化，见表 2.10。

表 2.10　*RI* 值

矩阵阶数 n	3	4	5	6	7	8	9	10	11	12
RI 值	0.52	0.89	1.12	1.26	1.36	1.41	1.46	1.49	1.52	1.54

（5）案例分析。

张老师需要购买一套住房，他考虑的主要因素有：价格适中，上下班比较方便，小区对应的中小学较好，居住环境相对较好。经房地产中间商介绍，他初步选择了甲、乙、丙三套住房，情况分别见表 2.11。

表 2.11　购房方案

方案	甲	乙	丙
价格/万元	35	28	22
上下班是否方便	不太方便	较方便	方便
小区对应的中小学情况	名校	较好	一般
居住环境	较好	好	稍差

第一步：构建层次分析模型，该模型顶层为目标层，中间为准则层（根据问题的复杂程度，每项准则还可以细分为若干子准则），最下层为方案层。本例的层次分析模型见图 2.5。

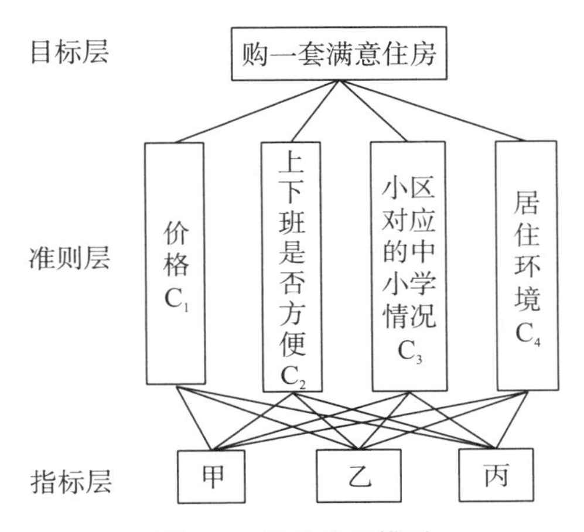

图 2.5　层次分析模型

第二步：按照 9 级标度表将甲、乙、丙住房相对价格因素（C_1）比较时，其 a_{ij} 值见表 2.12，注意表中主对角线数字 $a_{ii}=1$，且有 $a_{ji}=1/a_{ij}$。

表 2.12　a_{ij} 值

C_1	甲	乙	丙
甲	1	1/3	1/4
乙	3	1	1/2
丙	4	2	1
合计	8	10/3	7/4

第三步：本例利用和法进行计算，各列数字见表 2.12 中最下面一行，a_{ii} 和 w_i 数值见表 2.13。

表 2.13　特征向量计算

C_1	甲	乙	丙	w_i
甲	1/8	1/10	1/7	0.123
乙	3/8	3/10	2/7	0.320
丙	4/8	6/10	4/7	0.557

第四步：计算最大特征值$\lambda_{\max}$，本例中

$$\boldsymbol{AW}=\begin{bmatrix}1 & 1/3 & 1/4\\3 & 1 & 1/2\\4 & 2 & 1\end{bmatrix}\begin{bmatrix}0.123\\0.320\\0.557\end{bmatrix}=\begin{bmatrix}0.369\\0.978\\1.689\end{bmatrix}$$

$$\lambda_{\max}=\frac{1}{3}\left(\frac{0.369}{0.123}+\frac{0.978}{0.320}+\frac{1.689}{0.557}\right)=3.029$$

$$CI=\frac{3.029-3}{3-1}=0.0145$$

$$CR=\frac{0.0145}{0.52}=0.028<0.1$$

由表 2.10 所列判断矩阵通过一致性检验，由该判断矩阵计算得到的权重向量$\boldsymbol{W}=(0.123,0.3220,0.557)^{\mathrm{T}}$可作为甲、乙、丙三处住房相对于价格因素的重要程度。

用相同的方法可列出甲、乙、丙三处住房相对于其他三个因素的判断矩阵如下：

$$\text{对 } C_2\ \begin{bmatrix}1 & 1/5 & 1/8\\5 & 1 & 1/5\\8 & 5 & 1\end{bmatrix}\quad \text{对 } C_3\ \begin{bmatrix}1 & 2 & 8\\1/2 & 1 & 6\\1/8 & 1/6 & 1\end{bmatrix}\quad \text{对 } C_4\ \begin{bmatrix}1 & 1/3 & 5\\3 & 1 & 7\\1/5 & 1/7 & 1\end{bmatrix}$$

计算得到相应的权重向量，连同对C_1的权重向量列入表 2.14。

表 2.14　三处住房相对各准则的权重向量

	价格	上下班是否方便	小区对应的中小学情况	居住环境
甲	0.123	0.062	0.593	0.283
乙	0.320	0.212	0.341	0.643
丙	0.557	0.726	0.066	0.074

以上判断矩阵均通过了一致性检验，最后列出C_1、C_2、C_3、C_4这 4 个准则相对于目标的判断矩阵，并算出权重向量分别如下：

$$\begin{bmatrix}1 & 4 & 2 & 2\\1/4 & 1 & 1/2 & 1/2\\1/2 & 2 & 1 & 1\\1/2 & 2 & 1 & 1\end{bmatrix}\quad \boldsymbol{W}=\begin{bmatrix}0.444\\0.111\\0.222\\0.222\end{bmatrix}$$

第五步：综合计算结果，并对方案排序优选。

记$S_{甲}$、$S_{乙}$、$S_{丙}$为三处住房相对于购买一套满意住房的总目标的得分：

$$\begin{bmatrix} S_{甲} \\ S_{乙} \\ S_{丙} \end{bmatrix} = \begin{bmatrix} 0.123 & 0.062 & 0.593 & 0.283 \\ 0.320 & 0.212 & 0.341 & 0.643 \\ 0.557 & 0.726 & 0.066 & 0.074 \end{bmatrix} \begin{bmatrix} 0.444 \\ 0.111 \\ 0.222 \\ 0.222 \end{bmatrix} = \begin{bmatrix} 0.256 \\ 0.385 \\ 0.359 \end{bmatrix}$$

按照排序结果，住房乙对张老师来讲是满意度最高的。

2.5.2　TOPSIS 法

TOPSIS 意为“逼近理想解排序方法”，是 Hwang 和 Yoon 于 1981 年提出的一种适用于多项指标、多个方案比较选择的分析方法，依据评价对象与理想化目标贴近程度进行排序，计算相对优劣的评价方法。具体计算步骤如下：

（1）决策矩阵。

采集相关数据，列入原始评价指标矩阵为：

$$\boldsymbol{Z} = \begin{bmatrix} & C_1 & C_2 & \cdots & C_n \\ M_1 & Z_{11} & Z_{12} & \cdots & Z_{1n} \\ M_2 & Z_{21} & Z_{22} & \cdots & Z_{2n} \\ \vdots & \vdots & \vdots & & \vdots \\ M_m & Z_{m1} & Z_{m2} & \cdots & Z_{mn} \end{bmatrix} \tag{2-10}$$

式中：$\boldsymbol{Z}$ 为初始评价矩阵；Z_{ij} 为第 i 个方案第 j 个指标的初始值，其中 $i=1$，2，…，m（m 为参评的方案数量），$j=1$，2，…，n（n 为指标数）。

（2）无量纲化决策矩阵。构建标准化决策矩阵 $\mathbf{V}=(v_{ij})_{m\times n}$，这是为了消除数据量纲及极差的不一致性，以便进行统一比较。

①线性变换。

效益性数据：

$$v_{ij} = \frac{Z_{ij}}{Z_j^{\max}} \tag{2-11}$$

成本性数据：

$$v_{ij} = 1 - \frac{Z_{ij}}{Z_j^{\max}}, Z_j^{\max} = \max_i\{Z_{ij}\} \tag{2-12}$$

②标准 0−1 变换（极差变换）。

效益性数据：

$$v_{ij} = \frac{Z_{ij} - Z_j^{\min}}{Z_j^{\max} - Z_j^{\min}} \tag{2-13}$$

成本性数据：

$$v_{ij} = \frac{Z_j^{\max} - Z_{ij}}{Z_j^{\max} - Z_j^{\min}}, Z_j^{\min} = \min_i\{Z_{ij}\} \tag{2-14}$$

③规范化处理，数据不分效益型或成本型，均令

$$v_{ij} = \frac{Z_{ij}}{\sqrt{\sum_{i=1}^{m} Z_{ij}^2}} \tag{2-15}$$

其特点为同一属性数据处理后的平方和为 1，但处理活动数据无法分辨属性的优劣。

（3）构建加权决策矩阵。

将矩阵 **V** 与指标权重相乘，得加权标准化决策矩阵：

$$r_{ij} = w_j v_{ij} \tag{2-16}$$

式中：w_j 为每个指标权重，采用的权重确定方法有 Delphi 法、对数最小二乘法、层次分析法、熵等。

（4）计算正理想解和负理想解。第 j 个指标的正理想解为 $v_j^+(x)$，负理想解为 $v_j^-(x)$。

效益型指标：

$$v_j^+(x) = \{\max_i(r_{ij}(x) \mid j \in J_1), \min_i(r_{ij}(x) \mid j \in J_2), i = 1,2,\cdots,m\} \tag{2-17}$$

成本型指标：

$$v_j^-(x) = \{\min_i(r_{ij}(x) \mid j \in J_1), \max_i(r_{ij}(x) \mid j \in J_2), i = 1,2,\cdots,m\} \tag{2-18}$$

式中：J_1 为效益型指标；J_2 为成本型指标。

（5）确定各个指标与正、负理想解的距离。距离计算的方法较多，采用欧氏距离计算公式：

$$S_i^+ = \sqrt{\sum_{j=1}^{n}[v_{ij}(x) - v_j^+(x)]^2} \quad (i = 1,\cdots,m) \tag{2-19}$$

$$S_i^- = \sqrt{\sum_{j=1}^{n}[v_{ij}(x) - v_j^-(x)]^2} \quad (i = 1,\cdots,m) \tag{2-20}$$

式中：S_i^+ 为第 i 个方案与正理想解的距离；S_i^- 为第 i 个方案与负理想解的距离。

（6）各方案与理想解的相对贴近程度及方案决策：

$$\varepsilon_i = \frac{S_i^-}{S_i^+ + S_i^-} \quad (i = 1,2,\cdots,m) \tag{2-21}$$

根据 ε_i 值的大小对方案 M_i 排序，ε_i 越大则方案 M_i 越接近理想解，方案越优。

（7）实例分析。

实例演示：煤矿厂的煤尘会对人的呼吸系统造成危害，现在测得 5 个煤矿厂的粉尘浓度、游离二氧化硅含量和煤肺的患病率，请依据这三项指标给出这 5 个煤矿厂的安全程度综合排序，测量数据见表 2.15。

表 2.15　各方案基本情况

矿厂	粉尘浓度（mg/m^3）	游离二氧化硅含量（%）	煤肺患病率（%）
白沙湘永煤矿厂	50.8	4.3	8.7
沈阳田师傅煤矿厂	200.0	4.9	7.2
抚顺龙凤煤矿厂	71.4	2.5	5.0
大同同家山煤矿厂	98.5	3.7	2.7
扎诺尔南山煤矿厂	10.2	2.4	0.3

第一步：统一各项评价指标的单调性，在此采用高优指标即数值越高越好，通常对于反向单调的指标可采用倒数法，即 $Z'_{ij}=\frac{1}{Z_{ij}}$ ，而对于居中型指标可采用公式 $Z'_{ij}=|Z_{ij}-\text{标准中值}|$ 进行转换。表 2.16 为经过指标转换后的各项参数值。

表 2.16　转换后各项参考数值

矿厂	粉尘浓度（mg/m³）	游离二氧化硅含量（%）	煤肺患病率（%）
白沙湘永煤矿厂	0.019685	0.232558	0.114943
沈阳田师傅煤矿厂	0.005000	0.204082	0.138889
抚顺龙凤煤矿厂	0.014006	0.400000	0.200000
大同同家山煤矿厂	0.010152	0.270270	0.370370
扎诺尔南山煤矿厂	0.098039	0.416667	3.333333

第二步：对各项指标进行归一化处理，运用规范化得到归一化矩阵。

$$\boldsymbol{A}=\begin{bmatrix}0.1937 & 0.3281 & 0.0342\\0.0492 & 0.2879 & 0.0413\\0.1378 & 0.5643 & 0.0594\\0.0999 & 0.3813 & 0.1101\\0.9648 & 0.5879 & 0.9907\end{bmatrix}$$

第三步：进行加权处理，即依据各项指标的重要程度分配权值 w_{ij}，在此采用统一的权值，即令

$$w_{ij}=\begin{bmatrix}1 & 1 & 1\\1 & 1 & 1\\1 & 1 & 1\\1 & 1 & 1\\1 & 1 & 1\end{bmatrix}$$

得到各项指标加权矩阵值

$$\boldsymbol{r}=\begin{bmatrix}1\times0.1937 & 1\times0.3281 & 1\times0.0342\\1\times0.0492 & 1\times0.2879 & 1\times0.0413\\1\times0.1378 & 1\times0.5643 & 1\times0.0594\\1\times0.0999 & 1\times0.3813 & 1\times0.1101\\1\times0.9648 & 1\times0.5879 & 1\times0.9907\end{bmatrix}$$

第四步：确定最优方案和最差方案，从矩阵 $\boldsymbol{r}$ 中选出各项指标的参数值的最大值和最小值，可以得到最优方案 $v_j^+(x)=(0.9648,\ 0.5879,\ 0.9907)$ 和最差方案 $v_j^-(x)=(0.0492,\ 0.2879,\ 0.0342)$。

第五步：分别计算各个评价对象与最优方案及最差方案的距离 S_i^+ 与 S_i^- ，得出

$$S_i^+=(S_1^+,S_2^+,\cdots,S_m^+)=(1.2558,1.2953,1.1844,1.1941,0.0000)$$

$$S_i^-=(S_1^-,S_2^-,\cdots,S_m^-)=(0.1500,0.0071,0.2913,0.1306,1.3577)$$

第六步：计算综合评价值，运用公式 $\varepsilon_i = \dfrac{S_i^-}{S_i^+ + S_i^-}$ $(i = 1,2,\cdots,m)$，其中 ε 值越大则代表该对象的综合评价越好，可以得到结论见表 2.17。

表 2.17 各方案综合评价值

矿厂	综合评价值 ε	安全程度排序
白沙湘永煤矿厂	0.1067	3
沈阳田师傅煤矿厂	0.0055	5
抚顺龙凤煤矿厂	0.1974	2
大同同家山煤矿厂	0.0986	4
扎诺尔南山煤矿厂	1.0000	1

2.5.3 灰色系统理论法

灰色系统理论法提出了对各子系统进行灰色关联度分析的概念，意图通过一定的方法，去寻求系统中各子系统（或因素）之间的数值关系。因此，灰色关联度分析对于一个系统发展变化态势提供了量化的度量，非常适合动态历程分析。对于两个系统之间的因素，其随时间或不同对象而变化的关联性大小的量度，称为关联度。在系统发展过程中，若两个因素变化的趋势具有一致性，即同步变化程度较高，即可谓二者关联程度较高；反之，则较低。因此，灰色关联分析方法是根据因素之间发展趋势的相似或相异程度，也即“灰色关联度”，作为衡量因素间关联程度的一种方法。

(1) 根据分析目的确定分析指标体系，收集分析数据。

设 n 个数据序列形成如下矩阵：

$$(\boldsymbol{X}_1',\boldsymbol{X}_2',\cdots,\boldsymbol{X}_n') = \begin{bmatrix} x_1'(1) & x_2'(1) & \cdots & x_n'(1) \\ x_1'(2) & x_2'(2) & \cdots & x_n'(2) \\ \vdots & \vdots & \vdots & \vdots \\ x_1'(m) & x_2'(m) & \cdots & x_n'(m) \end{bmatrix} \tag{2-22}$$

式中：m 为指数的个数；$\boldsymbol{X}_i' = (x_i'(1),x_i'(2),\cdots,x_i'(m))^{\mathrm{T}},i = 1,2,\cdots,n$ 。

(2) 确定参考数据列。

参考数据列应该是一个理想的比较标准，可以以各指标的最优值（或最劣值）构成参考数据列，也可根据评价目的选择其他参照值，记作

$$\boldsymbol{X}_0' = (x_0'(1),x_0'(2),\cdots,x_0'(m))$$

(3) 对指标数据进行无量纲化。

由于系统中各因素的物理意义不同，导致数据的量纲也不一定相同，不便于比较，或在比较时难以得到正确的结论。因此在进行灰色关联度分析时，一般要进行无量纲化的数据处理。

常用的无量纲化方法有均值化法、初值化法等。

均值化法：

$$x_i(k) = \frac{x_i'(k)}{\dfrac{1}{m}\sum_{k=1}^{m} x_i'(k)} \tag{2-23}$$

初值化法：
$$x_i(k)=\frac{x'_i(k)}{x'_1(k)} \tag{2-24}$$

式中：$i=0,1,\cdots,n;k=0,1,\cdots,m$。

无量纲化后的数据序列形成如下矩阵：

$$(\boldsymbol{X}_0,\boldsymbol{X}_1,\cdots,\boldsymbol{X}_n)=\begin{bmatrix} x_0(1) & x_1(1) & \cdots & x_n(1) \\ x_0(2) & x_1(2) & \cdots & x_n(2) \\ \vdots & \vdots & \vdots & \vdots \\ x_0(m) & x_1(m) & \cdots & x_n(m) \end{bmatrix} \tag{2-25}$$

(4) 逐个计算每个被评价对象指标序列（比较序列）与参考序列对应元素的绝对差值，即 $|x_0(k)-x_i(k)|$ $(k=1,2,\cdots,m;i=1,2,\cdots,n$，$n$ 为评价对象的个数)。

(5) 确定 $\min\limits_{i=1}^{n}\min\limits_{k=1}^{m}|x_0(k)-x_i(k)|$ 与 $\max\limits_{i=1}^{n}\max\limits_{k=1}^{m}|x_0(k)-x_i(k)|$。

(6) 计算关联系数。

分别计算每个比较序列与参考序列对应元素的关联系数。

$$\zeta_i(k)=\frac{\min\limits_{i}\min\limits_{k}|x_0(k)-x_i(k)|+\rho\max\limits_{i}\max\limits_{k}|x_0(k)-x_i(k)|}{|x_0(k)-x_i(k)|+\rho\max\limits_{i}\max\limits_{k}|x_0(k)-x_i(k)|}(k=1,2,\cdots,m) \tag{2-26}$$

式中：ρ 为分辨系数，$0<\rho<1$。若 ρ 越小，关联系数间差异越大，区分能力越强。通常 ρ 取 0.5。

当用各指标的最优值（或最劣值）构成参考数据列计算关联系数时，也可用改进的更为简便的计算方法：

$$\zeta_i(k)=\frac{\min\limits_{i}|x'_0(k)-x'_i(k)|+\rho\max\limits_{i}|x'_0(k)-x'_i(k)|}{|x'_0(k)-x'_i(k)|+\rho\max\limits_{i}|x'_0(k)-x'_i(k)|}(k=1,2,\cdots,m) \tag{2-27}$$

改进后的方法不仅可以省略第三步，使计算简便，而且避免了无量纲化对指标作用的某些负面影响。

(7) 计算关联序。

对各评价对象（比较序列）分别计算其各指标与参考序列对应元素的关联系数的均值，以反映各评价对象与参考序列的关联关系，并称其为关联序，记为：

$$r_{0i}=\frac{1}{m}\sum_{k=1}^{m}\zeta_i(k) \tag{2-28}$$

(8) 如果各指标在综合评价中所起的作用不同，可对关联系数求加权平均值，即

$$r'_{0i}=\frac{1}{m}\sum_{k=1}^{m}W_k\zeta_i(k)\quad (k=1,2,\cdots,m) \tag{2-29}$$

式中：W_k 为各指标权重。

(9) 依据各观察对象的关联序，得出分析结果。

(10) 案例分析利用灰色关联分析对 6 位教师的工作状况进行综合分析，分析指标包括专业素质、外语水平、教学工作量、科研成果、论文、著作和出勤。

第一步：对原始数据进行处理后得到以下数值，见表2.18。

表2.18　6位老师各专业分数

编号	专业素质	外语水平	教学工作量	科研成果	论文	著作	出勤
1	8	9	8	7	5	2	9
2	7	8	7	5	7	3	8
3	9	7	9	6	6	4	7
4	6	8	8	8	4	3	6
5	8	6	6	9	8	3	8
6	8	9	5	7	6	4	8

第二步：确定参考数据列，$\{x_0\}=\{9,9,9,9,8,9,9\}$。

第三步：计算$|x_0(k)-x_i(k)|$，结果见表2.19。

表2.19　计算结果①

编号	专业素质	外语水平	教学工作量	科研成果	论文	著作	出勤
1	1	0	1	2	3	7	0
2	2	1	2	4	1	6	1
3	0	2	0	3	2	5	2
4	3	1	1	1	4	6	3
5	1	3	3	0	0	6	1
6	1	0	4	2	2	5	1

第四步：求最值。

$$\min_{i=1}^{n}\min_{k=1}^{m}|x_0(k)-x_i(k)|=\min(0,1,0,1,0,0)=0$$

$$\max_{i=1}^{n}\max_{k=1}^{m}|x_0(k)-x_i(k)|=\max(7,6,5,6,6,5)=7$$

第五步：计算关联系数，ρ取0.5，得

$$\zeta_1(1)=\frac{0+0.5\times 7}{1+0.5\times 7}=0.778,\ \zeta_1(2)=\frac{0+0.5\times 7}{0+0.5\times 7}=1.000,$$

$$\zeta_1(3)=0.778,\ \zeta_1(4)=0.636,\ \zeta_1(5)=0.467,$$

$$\zeta_1(6)=0.333,\ \zeta_1(7)=1.000$$

同理得出其他各值，结果见表2.20。

表2.20　计算结果②

编号	专业素质	外语水平	教学工作量	科研成果	论文	著作	出勤
1	0.778	1.000	0.778	0.636	0.467	0.333	1.000
2	0.636	0.778	0.636	0.467	0.636	0.368	0.778

续表2.20

编号	专业素质	外语水平	教学工作量	科研成果	论文	著作	出勤
3	1.000	0.636	1.000	0.538	0.538	0.412	0.636
4	0.538	0.778	0.778	0.778	0.412	0.368	0.538
5	0.778	0.538	0.538	1.000	0.778	0.368	0.778
6	0.778	1.000	0.467	0.636	0.538	0.412	0.778

第六步：分别计算每个人各指标关联系数的均值（关联序）：

$$r_{01}=\frac{0.778+1.000+0.778+0.636+0.467+0.333+1.000}{7}=0.713,$$

$$r_{02}=0.614, r_{03}=0.680, r_{04}=0.599, r_{05}=0.683, r_{06}=0.658$$

第七步：如果不考虑各指标权重（认为各指标同等重要），6个被评价对象由好到劣依次为1号，5号，3号，6号，2号，4号，即 $r_{01}>r_{05}>r_{03}>r_{06}>r_{02}>r_{04}$。

2.5.4　熵权法

熵最先由申农引入信息论，目前已经在工程技术、社会经济等领域得到了非常广泛的应用。熵权法的基本思路是根据指标变异性的大小来确定客观权重。一般来说，若某个指标的信息熵 E_j 越小，表明指标值的变异程度越大，提供的信息量越多，在综合评价中所能起到的作用也越大，其权重也就越大。相反，某个指标的信息熵越大，表明指标值的变异程度越小，提供的信息量也越少，在综合评价中所起到的作用也越小，其权重也就越小。熵权法的基本步骤如下。

（1）数据标准化。假定给定了 k 个指标 X_1，X_2，…，X_k，$X_i=\{x_1, x_2, \cdots, x_k\}$，对各指标数据标准化后的值为 Y_1，Y_2，…，Y_k，则

$$Y_{ij}=\frac{x_{ij}-\min(x_i)}{\max(x_i)-\min(x_i)} \tag{2-30}$$

（2）求各指标的信息熵。

根据信息论中信息熵的定义，一组数据的信息熵为：

$$E_j=-\ln(n)^{-1}\sum_{i=1}^{n}p_{ij}\ln p_{ij} \tag{2-31}$$

式中：$p_{ij}=Y_{ij}/\sum_{i=1}^{n}Y_{ij}$，如果 $p_{ij}=0$，则定义 $\lim\limits_{x\to 0}p_{ij}\ln p_{ij}=0$。

（3）确定各指标权重。

根据信息熵的计算公式，计算出各个指标的信息熵 E_1，E_2，…，E_n，然后计算各指标的权重：

$$\sigma_j=\frac{1-E_j}{k-\sum_{j=1}^{n}E_j}(j=1,2,\cdots,n,k=n) \tag{2-32}$$

（4）实例分析。

某医院为了提高自身的护理水平，对现有的11个科室进行了考核，考核标准包括

9 项整体护理，并对护理水平较好的科室进行奖励。表 2.21 是对各个科室指标考核后的评分结果。

表 2.21　11 个科室 9 项整体护理评价指标得分

科室	X_1	X_2	X_3	X_4	X_5	X_6	X_7	X_8	X_9
A	100	90	100	84	90	100	100	100	100
B	100	100	78.6	100	90	100	100	100	100
C	75	100	85.7	100	90	100	100	100	100
D	100	100	78.6	100	90	100	94.4	100	100
E	100	90	100	100	100	90	100	100	80
F	100	100	100	100	90	100	100	85.7	100
G	100	100	78.6	100	90	100	55.6	100	100
H	87.5	100	85.7	100	100	100	100	100	100
I	100	100	92.9	100	80	100	100	100	100
J	100	90	100	100	100	100	100	100	100
K	100	100	92.9	100	90	100	100	100	100

但是由于各项护理的难易程度不同，因此需要对 9 项护理进行赋权，以便能够更加合理地对各个科室的护理水平进行评价。

第一步：熵权法进行赋权。

①数据标准化。

根据原始评分表，对数据进行标准化后，可以得到表 2.22。

表 2.22　11 个科室 9 项整体护理评价指标得分标准化

科室	X_1	X_2	X_3	X_4	X_5	X_6	X_7	X_8	X_9
A	1.00	0.00	1.00	0.00	0.50	1.00	1.00	1.00	1.00
B	1.00	1.00	0.00	1.00	0.50	1.00	1.00	1.00	1.00
C	0.00	1.00	0.33	1.00	0.50	1.00	1.00	1.00	1.00
D	1.00	1.00	0.00	1.00	0.50	1.00	0.87	1.00	1.00
E	1.00	0.00	1.00	1.00	1.00	0.00	1.00	1.00	0.00
F	1.00	1.00	1.00	1.00	0.50	1.00	1.00	0.00	1.00
G	1.00	1.00	0.00	1.00	0.50	1.00	0.00	1.00	1.00
H	0.50	1.00	0.33	1.00	1.00	1.00	1.00	1.00	1.00
I	1.00	1.00	0.67	1.00	0.00	1.00	1.00	1.00	1.00
J	1.00	0.00	1.00	1.00	1.00	1.00	1.00	1.00	1.00
K	1.00	1.00	0.67	1.00	0.50	1.00	1.00	1.00	1.00

②求各指标的信息熵。

根据信息熵的计算公式（2－31），计算出9项护理指标各自的信息熵，见表2.23。

表2.23　9项指标信息熵

	X_1	X_2	X_3	X_4	X_5	X_6	X_7	X_8	X_9
信息熵	0.954	0.867	0.836	0.960	0.936	0.960	0.960	0.960	0.960

③计算各指标的权重。

根据指标权重的计算公式（2－32），得到各个指标的权重见表2.24。

表2.24　9项指标权重

	W_1	W_2	W_3	W_4	W_5	W_6	W_7	W_8	W_9
权重	0.076	0.219	0.271	0.066	0.105	0.066	0.066	0.066	0.066

第二步：对各个科室进行评分。

根据计算出的指标权重，以及对11个科室9项护理水平的评分，设 Z_l 为第 l 个科室的最终得分，则 $Z_l = \sum_{i=1}^{9} X_{li} W_i$ 。各个科室最终得分见表2.25。

表2.25　11个科室最终得分

科室	A	B	C	D	E	F	G	H	I	J	K
得分	95.71	93.14	93.17	92.77	95.84	98.01	90.21	95.17	95.97	97.81	97.02

2.5.5　模糊物元分析法

物元分析是学者蔡文在1983年提出的一门介于数学与试验间的科学，它用事物的名称 N、特征 C 和关于特征的量值 V 组成一个三元有序组，即 $R=(N, C, V)$，此三元组就称为物元。由于事物之间总是相互联系、相互作用的，有时不能用经典的Cantor集来确定事物的量值。而有些事物具有模糊属性，如果描述物元的某特征量值具有模糊性，此时构成的一个三元有序组实际上是由事物 N、特征 C 和关于模糊特征的量值 V 组成，这就是模糊物元。多目标决策有时是不明确的，即决策者有时只能进行模糊描述或模糊决策。模糊物元在多目标决策中是行之有效的，能够处理多目标的模糊性并给出有关定量的描述与处理。

2.5.5.1　模糊物元分析法步骤

（1）决策方案的物元建立。

对于一个多目标决策方案，将该方案的事物、特征以及量值用有序三元组来描述，即事物就是立案 M_i，特征就是评价指标 C_i，量值就是给定的数值 x_{ji}，从而可以构成如下的物元：

$$\boldsymbol{R}_{mn}=\begin{bmatrix} & M_1 & M_2 & \cdots & M_m \\ C_1 & x_{11} & x_{21} & \cdots & x_{m1} \\ C_2 & x_{12} & x_{22} & \cdots & x_{m2} \\ \vdots & \vdots & \vdots & \vdots & \vdots \\ C_n & x_{1n} & x_{2n} & \cdots & x_{mn} \end{bmatrix} \tag{2-33}$$

（2）隶属度的确定。

为了进行多目标决策，应确定衡量标准，这个标准常用隶属度来衡量。通常用如下的两种方法来确定隶属度。

对于越大越优型的决策：

$$U_{ji}=\frac{\max x_{ji}-x_{ji}}{\max x_{ji}-\min x_{ji}} \tag{2-34}$$

对于越小越优型的决策：

$$U_{ji}=\frac{x_{ji}-\min x_{ji}}{\max x_{ji}-\min x_{ji}} \tag{2-35}$$

式中：$\max x_{ji}$ 和 $\min x_{ji}$ 分别表示为多目标决策方案中每一项指标所对应量值 x_{ji} 的最大值与最小值。

需要说明的是，隶属度计算可采用多种形式，各指标数据在进行测算时，均具有离散性，在测定次数较多的情况下，可近似地认为这些观测数据对同一类别的隶属函数为正态型，即：

$$\mu(z)=\exp\left[-\left(\frac{z-p}{q}\right)^2\right] \tag{2-36}$$

式中：z 为指标的评价值；p，q 为常数。

显然当 $z=p$ 时，$\mu(z)=1$，表明 p 为某等级对应的某指标评价值范围的平均值，即：

$$p=(x_{ij}+y_{ij})/2 \tag{2-37}$$

式中：x_{ij} 表示第 i 个指标的第 j 个等级对应评价值下限；y_{ij} 表示第 i 个指标的第 j 个等级对应评价值上限；$i=1$，2，…，m；$j=1$，2，…，n。

在某一指标评价值范围内，上下限边界值是两种等级的过渡值，该边界为模糊边界，边界值对应两个等级，则上下限值对应的隶属度应相等，即：

$$\exp\left[-\left(\frac{z-p^2}{q}\right)\right]\approx 0.5 \tag{2-38}$$

$$q=(y_{ij}-x_{ij})/1.665 \tag{2-39}$$

然而式（2－38）在第 1 等级（好）和第 5 等级（差）中并不适用，因为第 1 等级的上限和第 5 等级的下限均仅对应一个等级。本书对隶属度函数进行改进[11]。

①当指标评价值 z 处于第 1 等级的中点值 p 左边时，由于第 1 等级上限的边界值是确定的，因此采用式（2－40）所示的隶属度函数确定该指标属于第 1 等级的隶属度，$\mu(z)$为 1，即：

$$\mu(z)=1,\quad z\leqslant p \tag{2-40}$$

此指标在其他等级的隶属度为0。

②当指标评价值 z 处于第5等级的中点值 p 右边时，由于第5等级下限的边界值是确定的，因此采用式（2—41）所示的隶属度函数确定该指标属于第5等级的隶属度，$\mu(z)$为1，即：

$$\mu(z)=1,\quad z\geqslant p \tag{2-41}$$

此指标在其他等级的隶属度为0。

③当指标评价值 z 不满足上述两种情况时，按式（2—36）和式（2—39）进行隶属度计算。

（3）隶属度到关联数变换。

关联变换就是隶属度与关联系数的相互转换。由于关联系数与隶属度函数等价，因此关联系数 ξ_{ji} 由隶属度系数 U_{ji} 可以确定，即：

$$\xi_{ji}=U_{ji}(j=1,2,\cdots,n;i=1,2,\cdots,m) \tag{2-42}$$

（4）模糊物元建立。

通过第三步的变换，可以用隶属度的值代替关联系数值，由此建立了关联系数复合模糊物元，记为

$$\boldsymbol{R}_{\xi}=\begin{bmatrix} & M_1 & M_2 & \cdots & M_m \\ C_1 & \xi_{11} & \xi_{21} & \cdots & \xi_{m1} \\ C_2 & \xi_{12} & \xi_{22} & \cdots & \xi_{m2} \\ \vdots & \vdots & \vdots & & \vdots \\ C_n & \xi_{1n} & \xi_{2n} & \cdots & \xi_{mn} \end{bmatrix} \tag{2-43}$$

（5）计算关联度并进行关联分析，确定多目标决策方案。

关联度是决策方案之间关联性的大小，通过计算并排序，即可实现多目标方案的最终决策，一般用 k_j 表示。此时将所有关联度组合构造成关联度复合模糊物元，一般用 R_k 表示。如果采用加权平均集中处理，即有

$$\boldsymbol{R}_k=\boldsymbol{R}_w\times\boldsymbol{R}_{\xi} \tag{2-44}$$

式中：$\boldsymbol{R}_w$ 表示每一决策方案指标的权重复合物元，如用 W_i 表示每一决策方案第 i 项评价指标的权重：

$$W_i=\frac{\sum\limits_{j=1}^{n}\xi_{ji}}{\sum\limits_{j=1}^{n}\sum\limits_{i=1}^{m}\xi_{ji}} \tag{2-45}$$

此时

$$\boldsymbol{R}_w=\begin{bmatrix} & C_1 & C_2 & \cdots & C_n \\ W_i & W_1 & W_2 & \cdots & W_n \end{bmatrix} \tag{2-46}$$

需要说明的是，也可以用其他方法确定权重，由此可计算出 k 的大小并进行排序，从而实现多目标决策。

2.5.5.2　应用实例

有5个相互独立的风险投资方案 $M=(M_1, M_2, M_3, M_4, M_5)$，表2.26列出

了5个方案由初始投资推算出的52天指标值。

表2.26　例题中各方案指标值

方案	期望净现值 C_1（u/百万元）	期望净现值指数 C_2（PO）	投资失败率 C_3（P^*）	风险损失值 C_4（F^*/百万元）	风险赢利值（R^*/百万元）
M_1	5	0.5	0.092	0.092	4.540
M_2	6	0.3	0.133	0.266	5.202
M_3	4	0.4	0.088	0.088	3.648
M_4	3.5	0.35	0.111	0.111	3.112
M_5	3	0.3	0.117	0.117	2.649

根据表2.26所示的5个方案和5个指标值的数据，可以建立如下的决策物元，记为$\boldsymbol{R}_{55}$，其中C_i为第i个特征，M_j为第j个方案。

$$\boldsymbol{R}_{55}=\begin{bmatrix} & M_1 & M_2 & M_3 & M_4 & M_5 \\ C_1 & 5 & 6 & 4 & 3.5 & 3 \\ C_2 & 0.5 & 0.3 & 0.4 & 0.35 & 0.3 \\ C_3 & 0.092 & 0.133 & 0.088 & 0.111 & 0.117 \\ C_4 & 0.092 & 0.266 & 0.088 & 0.111 & 0.117 \\ C_5 & 4.540 & 5.202 & 3.648 & 3.112 & 2.649 \end{bmatrix}$$

在5个指标中，期望净现值C_1、期望净现值指数C_2、风险赢利值C_5为越大越优型，投资失败率C_3、风险损失值C_4为越小越优型。通过关联变换，可以得到各方案每项指标相对应的关联系数值，从而复合模糊物元为

$$\boldsymbol{R}_{\xi}=\begin{bmatrix} & M_1 & M_2 & M_3 & M_4 & M_5 \\ C_1 & 0.667 & 1 & 0.333 & 0.167 & 0 \\ C_2 & 1 & 0 & 0.500 & 0.250 & 0 \\ C_3 & 0.911 & 0 & 1 & 0.489 & 0.356 \\ C_4 & 0.977 & 0 & 1 & 0.871 & 0.837 \\ C_5 & 0.741 & 1 & 0.391 & 0.181 & 0 \end{bmatrix}$$

由此计算$\boldsymbol{R}_w=(0.171,0.138,0.217,0.291,0.183)$，再通过关联度公式$\boldsymbol{R}_k=\boldsymbol{R}_w\times\boldsymbol{R}_{\xi}$计算得出：

$$\boldsymbol{R}_k=\begin{bmatrix} & M_1 & M_2 & M_3 & M_4 & M_5 \\ K_j & 0.869 & 0.321 & 0.705 & 0.456 & 0.354 \end{bmatrix}$$

按关联度大小排序结果为$M_1>M_3>M_4>M_5>M_2$，由此可见最佳投资方案为方案1。

思考与练习题

(1) 水工结构工程传统设计指标有哪些？简述工程设计指标与绿色设计的层次

关系。

（2）我国现行环境保护管理制度中各阶段环境保护工作的主要任务是什么？水电工程环境管理制度的核心基础是什么？

（3）建筑工程绿色施工和水电工程绿色施工的差异主要有哪些？

（4）国内外常见的绿色水电评价体系有哪些？对比分析这些评价体系的侧重点。

第3章　金沙江乌东德水电站全过程绿色等级评价

本章以金沙江乌东德水电站为例，应用AHP—模糊综合评价法开展大中型水电工程建设全过程绿色等级评价，并根据评价结果提出设计、施工、运行等各阶段的绿色管理措施。

3.1　金沙江乌东德水电站概况

3.1.1　工程概述

金沙江乌东德水电站枢纽工程区右岸位于云南省昆明市禄劝县，左岸位于四川省凉山州会东县，坝址河道里程上距攀枝花市214km，下距白鹤滩水电站183km，是金沙江下游河段四个水电梯级最上游一级，地理位置见图3.1。工程开发任务以发电为主，兼顾防洪、航运和促进地方经济社会发展，是我国“十三五”期间重大支撑和标志性工程。

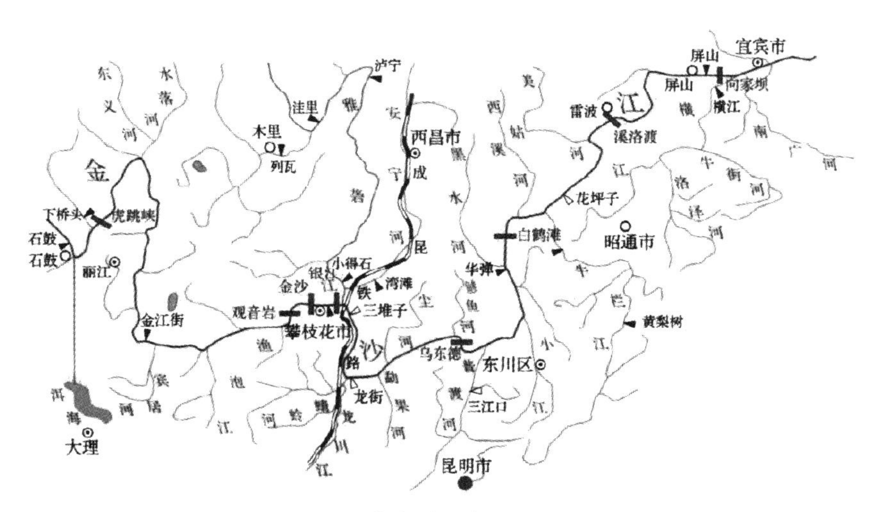

图3.1　乌东德水电站地理位置

工程正常蓄水位为975m，死水位为945m，具有季调节性能，电站装机容量1020万kW，多年平均发电量389.1亿kW·h。工程为Ⅰ等大（1）型工程，枢纽工程建筑物由挡水建筑物、引水发电建筑物、泄洪建筑物等组成；挡水建筑物为混凝土双曲拱坝，坝顶高程988m，最大坝高270m；引水发电系统两岸地下电站均靠河床侧布置，各安装6台850万kW水轮发电机组，由主厂房、主变洞、尾水调压室及引水系统、尾水系统等组成；泄洪设施采用坝身泄洪和岸边泄洪洞分流相结合的方式。乌东德水电站枢纽工程布置见图3.2。

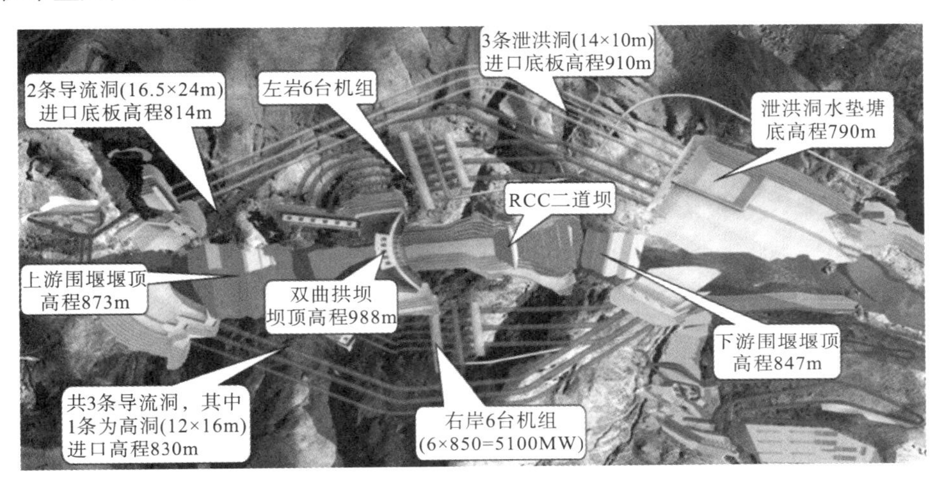

图3.2　乌东德水电站枢纽工程布置

工程枢纽占地和水库淹没涉及库区周边10个县区，其中云南省主要有永仁县、元谋县、武定县、禄劝县，四川省主要有仁和区、东区、钒钛产业园区、盐边县、会理县、会东县。

乌东德水电站自2011年开始筹建，2015年12月主体工程核准开工建设，2020年6月首批机组发电，2021年7月全部机组投产发电。按2015年3季度价格水平计算，工程静态投资777.65亿元，总投资976.57亿元。

3.1.2　主要环境影响

根据《金沙江乌东德水电站环境影响报告书》，电站建设对环境的不利影响主要表现在水库淹没后土地承载压力加大，移民安置将对环境产生一定影响；鱼类生境将受到水文情势变化、大坝阻隔效应等影响；成库后，库区支流回水区域、库尾攀枝花河段干流水质也将受到一定程度不利影响；工程施工废水、废气、噪声、固体废物等短期内将对周边环境产生一定不利影响。

3.1.3　流域水电规划及开发现状

3.1.3.1　流域概况

金沙江是长江上游河段的重要组成部分，发源于唐古拉山脉中段各拉丹冬雪山的南侧冰川，与切美苏曲交汇后至囊极巴拢（当曲汇口）称沱沱河，当曲汇口至直门达（巴塘河口）称通天河，直门达（巴塘河口）以下始称金沙江，到宜宾为金沙江干流。金沙江流域位于我国青藏高原、云贵高原和四川盆地的西部边缘，跨越青海、西藏、四川、云南四省（区），流域总面积约47.32万km^2，多年平均径流量1565亿m^3，是我国最大的水电能源基地和战略水源地。

金沙江干流直门达至宜宾全长约2316km，天然落差3268.6m，河道平均比降1.41‰，水能蕴藏量为55364MW。干流以石鼓和攀枝花（雅砻江河口）为界，分上、中、下三段：直门达至石鼓为上游，区间流域面积7.65万km^2，河段长984km，天然落差约1720m，河道平均比降1.75‰，水力资源理论蕴藏量平均功率约13060MW；石鼓至攀枝花（雅砻江河口）为中游，区间流域面积4.5万km^2，河段长约564km，天然落差约836m，河道平均比降为1.48‰，水力资源理论蕴藏量平均功率约13220MW；攀枝花（雅砻江河口）至宜宾为下段，区间流域面积21.4万km^2，河段长768km，天然落差712.6m，河道平均比降0.93‰，水力资源理论蕴藏量平均功率约29080MW。

3.1.3.2　流域开发现状

20世纪50年代以来，长江水利委员会、昆明勘测设计研究院、成都勘测设计研究院、中南勘测设计研究院等单位先后对金沙江流域的水利水电开发进行了大量的普查、勘测、规划和设计工作，提出了一系列成果。1960年，长江流域规划办公室编制的《金沙江流域规划意见书》提出金沙江下游河段按乌东德（鲁拉戛坝址）等四级开发；1981年，成都勘测设计研究院提出了《金沙江渡口宜宾段规划报告》，推荐金沙江下游河段开发方案为同样的四级开发；1990年，长江水利委员会在《长江流域综合利用规划简要报告》推荐金沙江下游河段分乌东德—白鹤滩—溪洛渡—向家坝四级开发。

1999年12月，昆明勘测设计研究院和中南勘测设计研究院提出了《金沙江中游河段水电规划报告》，推荐金沙江中游河段分八级开发，即上虎跳峡—两家人—梨园—阿海—金安桥—龙开口—鲁地拉—观音岩。

2007年，四川省发展和改革委员会安排攀枝花市组织开展金沙江攀枝花河段的水电规划工作。2009年2月，长江勘测规划设计研究有限责任公司编制完成了《金沙江攀枝花河段水电规划报告》，推荐该河段采用金沙+银江两级开发方案。2012年，国务院以国函〔2012〕220号文批复了《长江流域综合规划（2012—2030）》，该报告推荐金沙江中游河段九级开发方案，即虎跳峡河段梯级—梨园—阿海—金安桥—龙开口—鲁地拉—观音岩—金沙—银江。

目前，乌东德水电站上游已建控制性水库有金沙江中游的梨园、阿海、金安桥、龙开口、鲁地拉、观音岩和雅砻江的锦屏一级、二滩等梯级，在建梯级有金沙江上游的叶巴滩和雅砻江的两河口水库。乌东德上游已建、在建控制性水库主要参数见表3.1。乌东德下游已建水库有金沙江下游的溪洛渡、向家坝和长江干流的三峡、葛洲坝等梯级，在建梯级有金沙江下游的白鹤滩水库。乌东德下游已建、在建水库主要参数见表3.2。

表 3.1　乌东德上游已建、在建控制性水库主要参数

河流河段	梯级名称	正常蓄水位（m）	死水位（m）	调节库容（亿 m^3）	防洪库容（亿 m^3）	装机容量（MW）	建设情况
金沙江上游	叶巴滩	2889	2855	5.37	—	2240	在建
金沙江中游	梨园	1618	1605	1.73	1.73	2400	已建
	阿海	1504	1492	2.38	2.15	2000	已建
	金安桥	1418	1398	3.46	1.58	2400	已建
	龙开口	1298	1290	1.13	1.26	1800	已建
	鲁地拉	1223	1216	3.76	5.64	2160	已建
	观音岩	1134	1122	5.55	5.42/2.53	3000	已建
雅砻江	两河口	2865	2785	65.6	20	3000	在建
	锦屏一级	1880	1800	49.11	16	3600	已建
	二滩	1200	1155	33.7	9	3300	已建

表 3.2　乌东德下游已建、在建水库主要参数

河流河段	梯级名称	正常蓄水位（m）	死水位（m）	调节库容（亿 m^3）	防洪库容（亿 m^3）	装机容量（MW）	建设情况
金沙江下游	白鹤滩	825	765	104.36	75	16000	在建
	溪洛渡	600	540	64.62	46.51	12600	已建
	向家坝	380	370	9.03	9.03	6000	已建
长江干流	三峡	175	155	165	221.5	22500	已建
	葛洲坝	66	63	—	—	2735	已建

3.2　AHP—模糊综合评价法

模糊综合评价法是一种基于模糊数学的综合评价方法。该综合评价法根据模糊数学的隶属度理论把定性评价转化为定量评价，即用模糊数学对受到多种因素制约的事物或对象做出一个总体的评价。它具有结果清晰、系统性强的特点，能较好地解决模糊的、难以量化的问题，适合各种非确定性问题的解决。其基本步骤可以归纳为：

（1）建立评价集 $U=(u_1, u_2, \cdots, u_n)$，$n$ 为指标数目。

（2）建立评语集。

$$V=\begin{bmatrix} v_{11} & \cdots & v_{15} \\ M & O & M \\ v_{n1} & \cdots & v_{n5} \end{bmatrix} \tag{3-1}$$

式中：V 为评价分级；v_{ij} 分别代表评价指标对应“好、良好、中等、较差、差”的标准。

(3) 用 AHP 层次分析法计算各指标权重，建立权向量 $\boldsymbol{\omega}=(\omega_1, \omega_2, \cdots, \omega_n)$，式中：$\omega_i$ 为第 $w_j = 0.8\sigma_j + 0.2\beta_j$ 个因素的权重。

(4) 由隶属度函数式计算评价矩阵。

$$\boldsymbol{R} = \begin{bmatrix} r_{11} & \cdots & r_{15} \\ M & O & M \\ r_{n1} & \cdots & r_{n5} \end{bmatrix} \tag{3-2}$$

隶属度是指各种已知评价指标隶属于特定评价等级的概率。隶属度函数的目的在于使本来模糊的数学概念变得直观。本书采用降半梯形法，将评价标准中的阈值 c_i 作为拐点，建立如下直线隶属度函数，见表 3.3。

表 3.3 隶属度计算

x_i 区间	不同区间的隶属度计算				
	5	4	3	2	1
$x_i > c_5$	1	0	0	0	0
$c_4 < x_i \leqslant c_5$	$(x_i - c_4)/(c_5 - c_4)$	$(c_5 - x_i)/(c_5 - c_4)$	0	0	0
$c_3 < x_i \leqslant c_4$	0	$(x_i - c_3)/(c_4 - c_3)$	$(c_4 - x_i)/(c_4 - c_3)$	0	0
$c_2 < x_i \leqslant c_3$	0	0	$(x_i - c_2)/(c_3 - c_2)$	$(c_3 - x_i)/(c_3 - c_2)$	0
$c_1 < x_i \leqslant c_2$	0	0	0	$(x_i - c_1)/(c_2 - c_1)$	$(c_2 - x_i)/(c_2 - c_1)$
$c_0 < x_i \leqslant c_1$	0	0	0	0	1

注：x_i 为评价值；c_i 对应评价区间 (4, 5]，(3, 4]，(2, 3]，(1, 2]，(0, 1] 拐点。

(5) 根据权向量 $\boldsymbol{\omega}$ 与评价矩阵 $\boldsymbol{R}$，开展模糊综合评价，得出 5 个评价等级的隶属度矩阵，即

$$\boldsymbol{B} = \boldsymbol{\omega} \cdot \boldsymbol{R} = (\omega_1, \omega_2, \cdots, \omega_n) \cdot \begin{bmatrix} r_{11} & \cdots & r_{15} \\ M & O & M \\ r_{n1} & \cdots & r_{n5} \end{bmatrix} = (b_1, b_2, \cdots, b_n) \tag{3-3}$$

式中：$\boldsymbol{B}$ 为模糊综合评价结果，随后对结果进行归一化处理。

(6) 结果评判计算结果表示为：

$$\boldsymbol{FCI} = \boldsymbol{B} \cdot \boldsymbol{S} = (b_1, b_2, \cdots, b_n) \cdot \begin{bmatrix} 5 \\ 4 \\ \vdots \\ 1 \end{bmatrix} \tag{3-4}$$

式中：$\boldsymbol{FCI}$ 为模糊综合指数；$\boldsymbol{S}$ 为评价标准向量。

图 3.3 为模糊综合评价模型。

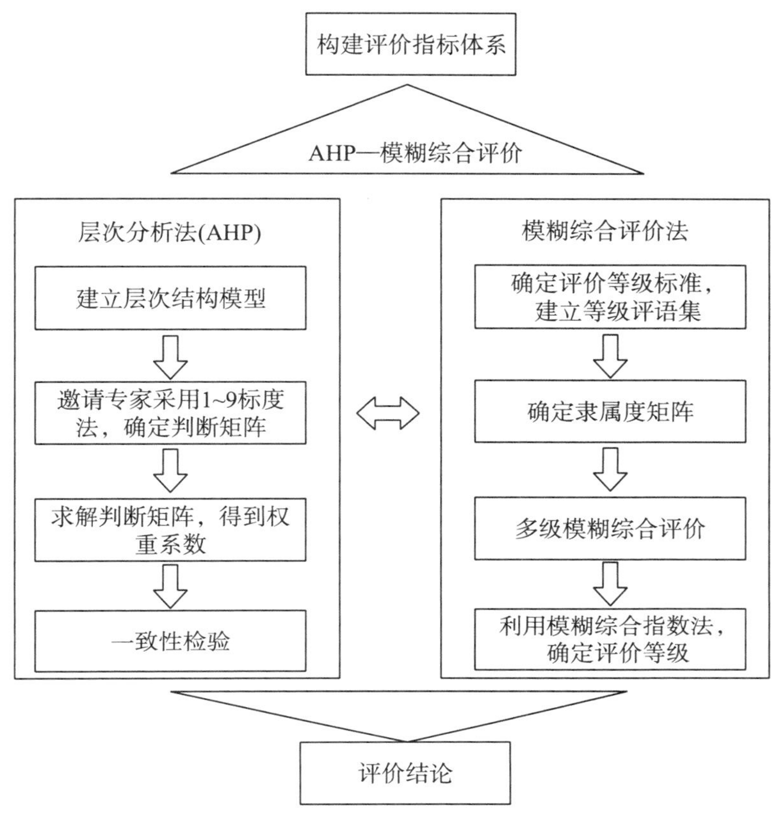

图 3.3　模糊综合评价模型

3.3　绿色设计评价

3.3.1　绿色设计指标计算过程

本书指标值计算数据主要参考《乌东德水电站环境影响评价报告书》《金沙江乌东德水电站可行性研究报告》等前期论证报告。

3.3.1.1　环境影响经济损益 A_{11}

采用乌东德水电站环境影响评价报告书数据，按照运行 50 年计算，电站环境影响经济效益为 1526.18 亿元，环境影响经济损失为 204.51 亿元（其中环境保护静态总投资 49.55 亿元，建设征地和移民安置投资 154.96 亿元），环境影响经济效益为环境影响经济损失的 12.43 倍，评价为好，得 5 分。

3.3.1.2　生态敏感性 A_{21}

乌东德水电站涉及重要生态敏感区，包括元谋风景名胜区以及攀枝花仁和区平地猕猴自然保护小区。

1）元谋风景名胜区

（1）基本概况及蓄水影响。

元谋风景名胜区位于乌东德库区元谋县境内，是云南省省级风景名胜区。根据《元谋风景名胜区总体规划》，元谋风景名胜区规划分为“四片一中心”，四片即四个景区：物茂土林景区、浪巴铺土林景区、班果土林景区、金沙江景区。风景区管辖范围为161.2km^2。一中心是指旅游服务中心。元谋风景名胜区分为核心景区和一般景区，其中核心景区面积为25.9km^2，一般景区总面积135.3km^2。根据元谋风景名胜区总体规划图和乌东德水库淹没图的叠图分析，物茂土林片区、班果土林片区、浪巴铺土林片区均位于乌东德水库正常蓄水位975m以上，水库蓄水对物茂土林片区、班果土林片区、浪巴铺土林片区不会产生影响，但对元谋风景名胜区金沙江峡谷片区有一定影响。淹没区对元谋风景名胜区的影响涉及金沙江景区的金沙江、金沙江峡谷、木棉、榕树林、金沙江沙滩、落水洞、金沙江古驿道、丙弄彝寨、骂拉莫彝寨、红军标语、龙街渡共11个景点，其中，金沙江、金沙江峡谷2个景点为二级景源，主要影响为景观由急流＋险滩改变为峡谷＋湖面的景观；金沙江沙滩、落水洞、金沙江古驿道、丙弄彝寨、骂拉莫彝寨、龙街渡共6个三级景源为淹没景点。

（2）保护措施。

乌东德水电站建设蓄水后，大坝以上将形成较大面积的湖面，改变了区域空间形态，自然的生态环境特色更为突出，会形成新的景观和旅游景点。金沙江水上交通线得以开展，对元谋金沙江峡谷景区发展有较大的推动作用。总之，乌东德水电站的建设仅回水淹没区涉及元谋风景名胜区的金沙江景区，对元谋风景区的主要标志性景观无影响，对景区的影响总体来说利大于弊。对水库蓄水淹没的木棉、榕树林2个三级景源中林木采取迁地保护措施，移栽到江边乡集镇新址启宪集镇。红军标语已列入乌东德水电站水库淹没区（云南省）文物古迹保护名录内，具体保护措施为随元谋县江边乡集镇进行异地迁建，纳入江边乡启宪集镇建设统一规划。今后，对库区周边涉及风景区的区域，库区管理部门应配合景区管理部门加强环境保护，增加区域内的绿化覆盖率，美化环境，减少泥沙、农业面源污染、生活垃圾、泥沙等对库区水质的影响。利用水库调度，在低水位运行时，再现金沙江峡谷景观。

2）攀枝花市仁和区平地猕猴自然保护小区

（1）基本概况及蓄水影响。

攀枝花市仁和区平地猕猴自然保护小区，位于攀枝花市仁和区平地镇正东方，行政村迤沙拉村。东至金沙江，南至西拉么大箐，西至大黑山元宝山顶，北至大格达村子，距平地镇4km，距仁和区50km。保护小区主要保护对象为平地以猕猴为主的野生动植物资源及其自然生态环境，总面积为2733.11hm^2。其中核心区1842.12hm^2，占保护小区总面积的67.40％；缓冲区890.99hm^2，占保护小区总面积的32.60％。根据2013年调整后的猕猴自然保护区小区范围，海拔最低在1000m以上，而乌东德水电站正常蓄水位975m，因此调整后的自然保护小区不受水库淹没影响，缓冲区离淹没线最近距离70m，核心区离淹没线最近距离40m。乌东德水电站移民安置点距离保护小区最近的为棉花地安置点，该安置点距离保护缓冲区直线距离约9.25km，因此，移民安置点建设不会对保护小区环境造成影响。

（2）保护措施。

本工程对猕猴自然保护小区的影响主要为水库蓄水后航运对猕猴的饮水和觅食干扰，以及部分食物资源的淹没影响。因此，在该保护小区所在江段设立警示牌，禁止航运船只在经过该区域时鸣笛。为补偿由于淹没造成猕猴食源的减少，保护小区内种植猕猴食源的植被。

上述重要生态敏感区已在环境影响报告书提出相关措施，评价为良好，得 3 分。

3.3.1.3　环境保护和水土保持设计执行情况 A_{31}

可研性报告环境保护和水土保持设计工作是以环境影响报告书、水土保持方案报告书及批复要求提出的措施和要求为基础，进一步细化了设计工程量，提出了工程量清单，对目前已招标或实施的项目根据实际情况进行了工程量及方案等的复核；同时根据主体工程概算编制规定，复核了环境影响报告书和水土保持方案报告书阶段的投资概算，完善并加深了可研设计工作。2015 年，设计单位在可研阶段编制了乌东德水电站可行性研究报告环境保护设计和水土保持设计专题，并通过行业主管部门评审，评价为好，得 5 分。

3.3.1.4　区域经济贡献率 B_{11}

乌东德水电站财务评价计算期为 43 年，其中建设期 13 年，正常运营期 30 年，乌东德水电站建设对地区经济 GDP 的增长主要体现在建设期和运行期两个阶段。

1）建设期

电站的建设投资，可从新增投资拉动上，进一步促进本区域经济的持续增长。该投资将产生较强的投资乘数效应，直接和间接地形成对当地的投资拉动效果。

乌东德水电站工程静态总投资约 800 亿元，电站坝址横跨四川、云南两省。根据投资乘数法进行测算，乌东德水电站建设期间，可拉动四川省、凉山州和会东县的 GDP 分别增长 1010 亿元、910 亿元和 810 亿元，拉动云南省、昆明市和禄劝县的 GDP 分别增长 1040 亿元、940 亿元和 830 亿元。

2）运行期

乌东德水电站投产运营后，通过项目自身发挥效益，能够增加当地国民经济总量；还可通过带动当地经济结构调整，促进国民经济结构优化，加快国民经济总量增长。

乌东德水电站建成后，每年可获得的发电产值约 132 亿元。由于水电属于一次性投入、长期受益的产业，建成投产后，维护与保养的成本相对较低，工业增加值率比较高。初步估算，乌东德水电站建成后的每年工业增加值约 119 亿元，直接影响地方 GDP 总量增长。采用以最终需求为动力的投入产出模型进行研究，按照四川省 2012 年投入产出表（最终需求项目对 42 个产业部门的生产诱发系数）预测，电力行业最终需求占该行业总产出比例的经验分布期望值约 15%。而乌东德水电站年发电量用于最终需求部分约 57 亿 kW·h，可形成 28 亿元最终需求。按照总需求的一半（14 亿元）来考虑四川省最终需求，从对相应行业的生产诱发系统出发，可以拉动四川省整体产业部门 35 亿元的总产出（GDP）。同样另一半需求也将对云南省的总产出产生基本相同的拉动作用。

由此可知，建设期对区域经济增长影响四川省1010亿元，云南省1040亿元，运行期可拉动四川、云南整体产业部门70亿元总产出。根据乌东德水电站资产表（见表3.4），计算得出区域经济贡献率为354.4%。

表3.4 乌东德水电站资产表 单位：亿元

年份	1	2	3	4	5	6	7	8	9	10	11
资产	11	23	67	124	198	281	429	590	727	849	930
年份	12	13	14	15	16	17	18	19	20	21	22
资产	963	945	906	868	830	793	756	719	682	646	609
年份	23	24	25	26	27	28	29	30	31	32	33
资产	573	537	502	467	500	537	573	609	645	681	717
年份	34	35	36	37	38	39	40	41	42	43	
资产	753	789	854	921	987	1053	1119	1186	1252	1318	

3.3.1.5 单位装机移民人数 B_{21}

根据乌东德水电站可行性研究报告，乌东德水电站移民安置规划设计基准年为2010年，规划水平年为2020年，枢纽工程建设区移民人口推算年限为2017年。人口增长率取8‰，集镇人口机械增长取7‰。设计基准年移民搬迁安置人口为28726人，其中枢纽工程建设区2574人，水库淹没影响区25971人，城集镇新址占地范围71人，专项迁复建占地110人。按类别划分，农村27575人（农村居民27565人，乡村单位10人），集镇982人（城镇居民831人，城镇单位151人），专业项目169人。推算至规划水平年为31048人，其中枢纽工程建设区2721人，水库淹没影响区28132人，集镇新址范围77人，专项迁复建占地118人。按类别划分，农村29796人（农村居民29785人，乡村单位11人），集镇1069人（集镇居民896人，集镇单位173人），专业项目183人。设计基准年农村移民生产安置人口28222人，推算至规划水平年为30488人。

乌东德装机容量为1020万kW，由此计算，单位装机移民人数为30.4人/万kW。

3.3.1.6 移民环境容量比 B_{22}

环境容量分析主要针对土地资源环境容量进行，即根据选定的安置区和能够筹措的土地资源数量分析实际的土地资源环境容量作为移民安置的基础，其他安置途径容量根据移民意愿调查结果确定，仅作为环境容量的补充。

1）库周剩余土地资源环境容量分析

乌东德水电站建设征地涉及10个县（区）的38个乡镇89个村委会284个村民小组，根据建设征地影响情况，纳入土地资源筹措涉及库周27个乡镇53个村113个村民小组，环境容量分析范围内耕园地3922.8亩、宜农荒山荒坡651.1亩。经土地开发整理后，可用于安置移民的耕园地4424.0亩。根据土地资源筹措结果分析，建设征地涉及村组就近农业安置主要以调整土地为主，以规划水平年人均耕地为目标进行环境容量分析，剩余土地资源可安置移民 3402 人。

（2）集中安置点环境容量分析

最终确定的 28 个移民集中安置点中，禄劝县新村等 24 个安置点采取农业安置或者复合安置；会东县马口安置点为后靠搬迁安置点，无生产安置任务；盐边县鲊石村安置点采用工程防护；钒钛园区金沙阳光安置点自谋职业安置；武定县白马口安置点移民采取逐年补偿方式安置。因此，针对采用土地资源安置的 24 个安置点筹措的土地资源进行环境容量分析。选定 24 个以土地资源或部分土地资源安置的集中安置点，涉及 19 个乡镇 40 个村 89 个村民小组，分析范围内土地资源共计 51619.4 亩，其中耕园地 20829.5 亩、宜农荒山荒坡 30789.9 亩。结合农业产业规划推荐的发展项目，经土地开发整理后，可用于安置移民的耕园地 41165.55 亩。根据土地资源筹措结果分析，部分安置点以调整土地为主，部分安置点以土地开发为主。以规划水平年人均耕地为目标进行环境容量分析，可安置移民 36580 人。

根据土地资源环境容量分析结果，建设征地涉及村组库周剩余土地资源环境容量为 3402 人，初选集中安置点环境容量为 36580 人，合计 39982 人。由上述分析，乌东德水电站移民搬迁安置人口 31048 人，计算可知移民环境容量比为 1.28。

3.3.1.7　能源替代效应 B_{31}

根据评价期各年装机容量和年发电量表（见表 3.5），煤耗率取 300g/kW·h，计算能源替代效应为 1.09t/kW。

表 3.5　评价期各年装机容量和年发电量

年份	11	12	13	14	15	16～43
年末装机容量（MW）	3400	8500	10200	10200	10200	10200
年发电量（亿 kW·h）	83.6	328.1	357.1	357.1	357.1	376.9

3.3.1.8　财务内部收益率 C_{11}

参考《建设项目经济评价方法与参数》（第三版）的有关要求，乌东德水电站财务内部收益率为 8%，等于财务基准收益率，得 5 分。

3.3.1.9　社会稳定风险 C_{21}

根据《金沙江乌东德水电站社会稳定风险分析公众参与信息公告》，工程产生的不利影响除耕地淹没损失外，其他均可采取措施予以减缓或消除。项目实施不存在重大制约因素，在确保落实各项减缓措施的前提下，工程建设是可行的。设计单位分云南、四川两省分别编制了《金沙江乌东德水电站工程社会稳定风险分析报告》（以下简称《风险分析报告》）。2015 年 6 月，云南和四川两省发展和改革委员会分别委托云南省政府投资项目评审中心和四川省工程咨询研究院对《风险分析报告》进行了评估，《风险分析报告》对风险因素的识别及防控措施均较为明确、合理；该项目的社会稳定风险总体处于可控制和可把握的范畴，风险等级为“低”。评估认为，该项目社会稳定风险评估程序基本符合发改投资〔2012〕2492 号文的要求。由此判定社会稳定风险为好，得 5 分。

3.3.1.10 项目前期工作和项目设计的合法性 C_{31}

乌东德水电站依法开展了前期可行性论证，2015 年 8 月，水电水利规划设计总院在北京主持召开《金沙江乌东德水电站可行性研究报告》审查收口会议，基本同意该报告，并正式向国家发展和改革委员会、国家能源局报送《金沙江乌东德水电站可行性研究报告审查意见》(水电规水工〔2015〕75 号)。2015 年 10 月，中国国际工程咨询公司审查并通过了《金沙江乌东德水电站项目申请报告》评估，评估意见认为电站建设符合国家和行业的有关规划要求，其建设是必要而紧迫的。2015 年 12 月 31 日，乌东德水电站获得国家核准批复（12 月 16 日国务院常务会议审议通过)。同时工程设计按照电站规划及其审查批复文件的要求开展，对于重大设计专题均通过行业主管审查，此项为好，得 5 分。

3.3.1.11 工程管理能力 C_{41}

乌东德水电站建设管理单位为中国长江三峡集团有限公司，是全球最大的水电开发企业和中国最大的清洁能源集团，已组织建设三峡、向家坝、溪洛渡等巨型水电站，有着丰富的管理经验、人才储备和技术能力，且资金雄厚，满足项目工程设计要求，此项为好，得 5 分。

各指标计算值和评价值见表 3.6。

表 3.6 各指标的计算值和评价值

指标	计算值	评价值	指标	计算值	评价值
环境影响经济损益 A_{11}	5	5	能源替代效应 B_{31}	1.09	5
生态敏感性 A_{21}	3	3	财务内部收益率 C_{11}	5	5
环境保护和水土保持设计执行情况 A_{31}	5	5	社会稳定风险 C_{21}	5	5
区域经济贡献率 B_{11}	354.4%	5	项目前期工作和项目设计的合法性 C_{31}	5	5
单位装机移民人数 B_{21}	30.4	4.49	工程管理能力 C_{41}	5	5
移民环境容量比 B_{22}	1.28	1.56			

3.3.2 综合评价

3.3.2.1 指标隶属度确定

根据表 3.3 隶属度公式计算各指标隶属度，结果见表 3.7。

表 3.7　绿色设计指标层指标隶属度

指标层＼等级	5	4	3	2	1
环境影响经济损益 A_{11}	1	0	0	0	0
生态敏感性 A_{21}	0	0	1	0	0
环境保护和水土保持设计执行情况 A_{31}	1	0	0	0	0
区域经济贡献率 B_{11}	1	0	0	0	0
单位装机移民人数 B_{21}	0.49	0.51	0	0	0
移民环境容量比 B_{22}	0	0	0	0.56	0.44
能源替代效应 B_{31}	1	0	0	0	0
财务内部收益率 C_{11}	1	0	0	0	0
社会稳定风险 C_{21}	1	0	0	0	0
项目前期工作和项目设计的合法性 C_{31}	1	0	0	0	0
工程管理能力 C_{41}	1	0	0	0	0

3.3.2.2　权重计算

根据表 2.1 绿色设计评价指标体系，应用层次分析方法，选择对大中型水电工程较为熟悉的 6 位专家对各层指标进行打分，最终确定各指标权重，结果见表 3.8。

表 3.8　绿色设计指标层指标权重

准则层	权重	分类层	权重	指标层	最终权重
A	0.5	A_1	0.5	A_{11}	0.25
		A_2	0.25	A_{21}	0.125
		A_3	0.25	A_{31}	0.125
B	0.25	B_1	0.2	B_{11}	0.05
		B_2	0.6	B_{21}	0.075
				B_{22}	0.075
		B_3	0.2	B_{31}	0.05
C	0.25	C_1	0.25	C_{11}	0.0625
		C_2	0.25	C_{21}	0.0625
		C_3	0.25	C_{31}	0.0625
		C_4	0.25	C_{41}	0.0625

3.3.2.3　模糊综合评价

采用式（3－3）～式（3－4）开展分类层指标评价，得出评价值，然后利用表 3.3 隶属度计算公式，得到绿色设计分类层指标隶属度，结果见表 3.9。

表 3.9　绿色设计分类层指标隶属度

分类层指标＼等级	评价值	5	4	3	2	1
环境总体影响 A_1	5	1	0	0	0	0
环境敏感程度 A_2	3	0	0	1	0	0
环境保护对策措施 A_3	5	1	0	0	0	0
促进地方经济发展 B_1	5	1	0	0	0	0
移民安置 B_2	2.005	0	0	0.005	0.995	0
减排效益 B_3	5	1	0	0	0	0
财务生存能力 C_1	5	1	0	0	0	0
社会稳定 C_2	5	1	0	0	0	0
政策与规划合法性 C_3	5	1	0	0	0	0
工程管理 C_4	5	1	0	0	0	0

同理得到绿色设计准则层指标隶属度，结果见表 3.10。

表 3.10　绿色设计准则层指标隶属度

准则层＼等级	评价值	5	4	3	2	1
环境协调 A	4.5	0.5	0.5	0	0	0
社会满意 B	3.203	0	0.203	0.797	0	0
可持续发展 C	5	1	0	0	0	0

根据表 3.10 进行模糊综合评价，利用式（3－3）计算，$B=$（0.500，0.301，0.199，0，0），利用式（3—4）计算，绿色设计模糊评价结果为 $FCI=4.3$。

3.3.3　评价结果

3.3.3.1　评价结果

根据绿色设计等级划分标准，乌东德水电站绿色设计属于“好”水平。

准则层中，环境协调 A 为 4.5 分，属于“好”水平，社会满意 B 为 3.203 分，属于“良好”水平，但接近“中等”水平，可持续发展 C 为 5 分，属于“好”水平。

分类层中，环境总体影响 A_1、环境保护对策措施 A_3、区域经济贡献 B_1、减排效益 B_3、财务生存能力 C_1、社会稳定 C_2、政策与规划合法性 C_3、工程管理 C_4 等 8 个指标为 5 分，属于“好”水平，环境敏感程度 A_2 为 3 分，属于“中等”水平，移民安置 B_2 为 2.005 分，属于“中等”水平，但接近“较差”水平。

指标层中，环境影响经济损益 A_{11}、环境保护和水土保持设计执行情况 A_{31}、区域经济贡献率 B_{11}、能源替代效应 B_{31}、财务内部收益率 C_{11}、社会稳定风险 C_{21}、项目前期工作和项目设计的合法性 C_{31}、工程管理能力 C_{41} 为 5 分，属于“好”水平，单位装机移民人数 B_{21} 为 4.49 分，属于“好”水平；生态敏感性 A_{12} 为 3 分，属于“中等”水平；移民环境容量比 B_{22} 为 1.56 分，属于“较差”水平。

3.3.3.2　评价结果应用

由以上分析可知，若要进一步提高乌东德水电站绿色设计水平，重点需提高移民环境容量比指标，由于移民人数相对较为固定，可扩大移民安置区规模，提高住房标准，增加安置区移民人数，以此提高移民环境容量比水平。同时由于生态敏感性指标属于“中等”水平，可进一步加大生态敏感区科学有效保护力度，最大限度地减少电站运行对其影响。

3.4　绿色施工评价

由于建设期现场变化较大，各类环境监测指标以季度为周期开展监测，为此本书绿色施工以季度为周期开展评价，2018 年二季度为乌东德水电站建设高峰期，各项环境保护措施均在建设或运行，指标比较齐全，较具代表性，因此以乌东德水电站 2018 年二季度绿色施工为例开展等级评价。

3.4.1　绿色施工指标计算过程

3.4.1.1　定量指标计算值

1）地表水环境 D_1

生产废水污染源有 5 处，分别为下白滩砂石料加工系统废水（810m³/h）、850 系统二次筛分冲洗废水（92m³/h）、施期大坝砂石料加工系统废水（1050m³/h）、970 二次筛分冲洗废水（470m³/h）、基坑排水（100m³/h），根据二季度污水监测结果，基坑排水 pH 超标，其余部位均达标，按照绿色施工评价标准，各指标权重根据各污染源废水处理量加权计算，生产废水 D_{11} 计算值为 4.83，见表 3.11。

表 3.11　生产废水处理评价

部位	处理量（m³/h）	权重比例	达标	超标	得分
下白滩砂石料加工系统废水	810	0.321	5	—	1.60
850 系统二次筛分冲洗废水	92	0.036	5	—	0.18
施期大坝砂石料加工系统废水	1050	0.416	5	—	2.08
970 二次筛分冲洗废水	470	0.186	5	—	0.93
基坑排水	100	0.040	—	1	0.04
总分	—	—	—	—	4.83

生活营地污水处理厂有 6 处，分别为新村营地（40m³/h）、金坪子 1[#]（45m³/h）、

金坪子 2# （25m³/h）、海子尾巴（25m³/h）、交管中心（10m³/h）、码头上（10m³/h），其中新村营地总磷超标，码头上粪大肠杆菌超标，同理，按各污染源污水处理量加权取权重，生活污水 D_{12} 计算值为 3.71，见表 3.12。

表 3.12　生活污水处理评价

部位	处理量（m³/h）	权重比例	达标	超标	得分
新村营地	40	0.258	—	1	0.26
金坪子 1#	45	0.290	5	—	1.45
金坪子 2#	25	0.161	5	—	0.81
海子尾巴	25	0.161	5	—	0.81
交管中心	10	0.065	5	—	0.32
码头上	10	0.065	—	1	0.06
总分	—	—	—	—	3.71

2）地下水环境 D_2

根据二季度地下水监测结果，施工区洞室开挖未对地下水或地表水造成影响，地下水位控制 D_{21} 计算值为 5 分；施工区卧嘎村、硫磺矿渣填埋场两处地下水监测点地下水监测值均达标，地下水质评价 D_{22} 计算值为 5 分。

3）大气环境 D_3

根据二季度大气监测结果，施工场界外敏感区三台村二组、二坪子村、卧嘎村 3 处监测点环境空气监测值均达标，施工场界外敏感区环境空气 D_{31} 为 5 分；施工生产区监测点有 2 处，其中下白滩砂石加工系统 TSP 超标，大坝作业区达标，计算施工生产区环境空气 D_{32} 为 3 分，见表 3.13。

表 3.13　施工生产区环境空气评价

部位	权重比例	达标	超标	得分
下白滩砂石加工系统	0.5	—	1	0.5
大坝作业区	0.5	5	—	2.5
总分	—	—	—	3

4）声环境 D_4

施工场界外敏感区监测点有 3 处，根据二季度声环境监测结果，三台村二组 24 小时连续监测超标，二坪子村、卧嘎村声环境达标，施工场界外敏感区噪声控制 D_{41} 计算值为 3.67 分；施工生产区监测点有 3 处，其中下白滩砂石加工系统夜间超标，970m 混凝土拌合系统、大坝作业区均达标，施工生产区噪声控制 D_{42} 计算值为 3.67 分；左岸高线过坝公路、右岸高线过坝公路 2 处施工道路噪声控制监测点均达标，施工道路噪声控制 D_{43} 值为 5 分；为保证电站周边居民正常生活和作息，避免扰民，建设单位规定了严禁夜间爆破，同时根据夏冬季节白天时长变化调整早中晚爆破时间，爆破噪声控制

D_{44}为5分，见表3.14。

表3.14　施工场界外敏感区声环境评价

部位	权重比例	达标	超标	得分
三台村二组	0.333	—	1	0.33
卧嘎村	0.333	5	—	1.67
二坪子村	0.333	5	—	1.67
总分	—	—	—	3.67

5）危险废物收集和处置D_5

按照《危险废物规范化管理指标体系》（环办〔2015〕99号）中关于工业危险废物产生单位规范化管理指标及抽查表评分细则，对照现场危险废物管理现状，评价危险废物收集和处置D_{53}为38分，见表3.15。

表3.15　工业危险废物产生单位规范化管理指标及抽查表

<table>
<tr><th rowspan="2">检查主要内容</th><th colspan="2">分数</th><th rowspan="2">达标标准</th></tr>
<tr><th>满分</th><th>得分</th></tr>
<tr><td rowspan="2">1. 产生工业固体废物的单位应当建立、健全污染环境防治责任制度，采取防治工业固体废物污染环境的措施</td><td>2</td><td>2</td><td>建立了责任制度，负责人明确，责任清晰；负责人熟悉危险废物管理相关法规、制度、标准、规范；制定的制度得到落实，采取了防治工业固体废物污染环境的措施</td></tr>
<tr><td>1</td><td>0</td><td>执行危险废物污染防治责任信息公开制度，在显著位置张贴危险废物防治责任信息</td></tr>
<tr><td>2. 危险废物的容器和包装物必须设置危险废物识别标志</td><td>1</td><td>1</td><td>依据《危险废物贮存污染控制标准》（GB 18597）附录A所示标签设置危险废物识别标志</td></tr>
<tr><td>3. 收集、贮存、运输、利用、处置危险废物的设施、场所，必须设置危险废物识别标志</td><td>1</td><td>1</td><td>依据《危险废物贮存污染控制标准》（GB 18597）附录A和《环境保护图形标志—固体废物贮存（处置）场》（GB 15562.2）所示标签设置危险废物识别标志</td></tr>
<tr><td>4. 危险废物管理计划包括减少危险废物产生量和危害性的措施，以及危险废物贮存、利用、处置措施</td><td>2</td><td>1</td><td>制定了危险废物管理计划；内容齐全，危险废物的产生环节、种类、危害特性、产生量、利用处置方式描述清晰</td></tr>
<tr><td>5. 报所在地县级以上地方人民政府环境保护行政主管部门备案。危险废物管理计划内容有重大改变的，应当及时申报</td><td>1</td><td>1</td><td>报环保部门备案；及时申报了重大改变</td></tr>
</table>

续表3.15

检查主要内容	分数		达标标准
	满分	得分	
6. 如实地向所在地县级以上地方人民政府环境保护行政主管部门申报危险废物的种类、产生量、流向、贮存、处置等有关资料	4	1	如实申报（可以是专门的危险废物申报或纳入排污申报、环境统计中一并申报）；内容齐全；能提供证明材料，证明所申报数据的真实性和合理性，如关于危险废物产生和处理情况的日常记录等
7. 申报事项有重大改变的，应当及时申报	1	1	及时申报了重大改变
8. 按照危险废物特性分类进行收集	2	2	危险废物按种类分别存放，且不同类废物间有明显的间隔（如过道等）
9. 在转移危险废物前，向环保部门报批危险废物转移计划，并得到批准	2	0	有获得环保部门批准的转移计划
10. 转移危险废物的，按照《危险废物转移联单管理办法》有关规定，如实填写转移联单中产生单位栏目，并加盖公章	4	4	按照实际转移的危险废物，如实填写危险废物转移联单
11. 转移联单保存齐全	1	1	截至检查日期前的危险废物转移联单齐全
12. 转移的危险废物，全部提供或委托给持危险废物经营许可证的单位从事收集、贮存、利用、处置的活动	2	2	除贮存和自行利用处置的，全部提供或委托给持危险废物经营许可证的单位
13. 年产生10吨以上的危险废物产生单位有与危险废物经营单位签订的委托利用、处置合同	2	2	有与持危险废物经营许可证的单位签订的合同
14. 制定了意外事故的防范措施和应急预案	1	1	有意外事故应急预案（综合性应急预案有相关篇章或有专门应急预案）
15. 向所在地县级以上地方人民政府环境保护行政主管部门备案	1	1	在当地环保部门备案
16. 按照预案要求每年组织应急演练	2	1	按照预案要求每年组织应急演练
17. 危险废物产生单位应当对本单位工作人员进行培训	1	0	相关管理人员和从事危险废物收集、运输、暂存、利用和处置等工作的人员掌握国家相关法律法规、规章和有关规范性文件的规定；熟悉本单位制定的危险废物管理规章制度、工作流程和应急预案等各项要求；掌握危险废物分类收集、运输、暂存的正确方法和操作程序
18. 依法进行环境影响评价，完成“三同时”验收	2	1	有环评材料，并完成“三同时”验收

续表3.15

检查主要内容	分数		达标标准
	满分	得分	
19. 符合《危险废物贮存污染控制标准》的有关要求	12	12	贮存场所地面作硬化及防渗处理；场所应有雨棚、围堰或围墙；设置废水导排管道或渠道，将冲洗废水纳入企业废水处理设施处理或危险废物管理；贮存液态或半固态废物的，需设置泄露液体收集装置；装载危险废物的容器完好无损
20. 未混合贮存性质不相容而未经安全性处置的危险废物；未将危险废物混入非危险废物中贮存	2	2	做到分类贮存
21. 建立危险废物贮存台账，并如实和规范记录危险废物贮存情况	3	3	有台账，并如实和规范记录危险废物贮存情况
22. 依法进行环境影响评价，完成“三同时”验收	2	0	有环评材料，并完成“三同时”验收
23. 建立危险废物利用台账，并如实记录利用情况	1	0	有台账，并如实记录危险废物利用情况
24. 定期对利用设施污染物排放进行环境监测，并符合相关标准要求	2	0	监测项目及频次符合要求，有定期环境监测报告，并且污染物排放符合相关标准要求
合计	55	38	

6）水土保持 D_8

根据二季度水土保持监测结果，土壤流失控制比 D_{81} 为 0.62，低于标准值 0.7，计算值为 1 分；拦渣率 D_{82} 为 97.16%，高于标准值 95%，计算值为 5 分；林草植被恢复率 D_{83} 监测值为 87.77%。

7）材料利用 E_1

据统计，二季度施工现场建筑材料用量总量为 222424.43t，其中 500km 内生产的建筑材料用量为 165635.29t，就近取材率 E_{12} 为 74%，见表 3.16。

表 3.16　2018 年二季度施工区主要材料供应信息

物资品种	供应商	发货地点	二季度消耗量（t）	运距
钢筋	葛洲坝物流（昆明钢铁）	安宁	12355.63	500km 以内
	四川能投（四川德胜）	乐山	5844.62	500km 以外
	中钢四川（达州钢铁）	达州	2563.81	500km 以外
低热水泥	四川嘉华（会东利森厂）	会东	65161.44	500km 以内
	华新（富民）	富民	54159.62	500km 以内
普硅水泥	昆钢嘉华	安宁	6846.29	500km 以内

续表3.16

物资品种	供应商	发货地点	二季度消耗量（t）	运距
高抗水泥	华新（富民）	富民	8889.38	500km 以内
	四川嘉华（锦屏厂）	乐山	356.08	500km 以内
粉煤灰	曲靖方园（曲靖电厂）	曲靖	15599.67	500km 以内
	宜宾能顺（宜宾珙县电厂）	宜宾	12196.76	500km 以外
	贵州卓圣（兴义电厂）	兴义	12021.33	500km 以外
	泸州正企（宜宾福溪电厂）	宜宾	12647.56	500km 以外
	宜昌巨浪（六枝电厂）	六盘水	9462.24	500km 以外
	宜昌巨浪（金竹山电厂）	冷水江	2052.82	500km 以外
炸药	宜昌巨浪	禄劝	132.77	500km 以内
	三江民爆	会东	6.96	500km 以内
柴油	中石化	昆明	1915.46	500km 以内
汽油	中石化	昆明	211.99	500km 以内

8）水资源利用 E_2

据统计，二季度施工区供水 424.71 万 t，二季度完成投资 49456.06 万元，单位 GDP 用水量为 85.87m^3/万元，国家统计局发布的 2017 年全国单位 GDP 用水量为 78m^3/万元，为此生产用水量控制 E_{21}计算值为 110.08%；二季度生活污水和生产废水回收量为 101.1 万 t，水资源节约率 E_{22}为 24%。

9）能源利用 E_3

二季度施工消耗柴油、汽油、电折算标准煤为 20573.26t，综合能耗指标为 0.415t/万元，云南省单位 GDP 能耗为 1.02t/万元，能源利用率 E_{31}为 40.68%，见表 3.17。

表 3.17　2018 年二季度施工区能源统计汇总

能源名称	消耗量	折算标准煤系数	折算标准煤（t）
柴油（t）	1915.46	1.4571	2791.018
汽油（t）	211.99	1.4714	311.922
电（万度）	4324.34	0.404	17470.317
合计	—	—	20573.26

10）土地资源利用 E_4

据统计，施工区 2018 年用地面积为 20379.21 亩，2018 年乌东德工程投资 29.64 亿元，单位建设用地 GDP 为 14.54 万元/亩（考虑 2018 年土地使用面积已稳定，采用全年数据评价二季度），据国土资源部发布数据，2017 年全国单位建设用地 GDP 为 14.14 万元/亩，土地节约集约利用 E_{41}计算值为 102.82%。

二季度施工区表土已收集和使用量为 59.89 万 m^3，水土保持方案报告书要求收集 66.75 万 m^3，表土收集率 E_{42}为 88.22%。

11）实施管理 F_2

二季度现场发现的环境整改问题 21 项，实际完成 15 项，环境问题整改率 F_{22} 为 71.43%。

建设单位编制完成《乌东德水电站工程突发环境应急预案》，已通过专家评审和禄劝县环境保护局、会东县环境保护局备案，相应环境风险源已开展应急演练，环境风险防范与应急管理 F_{24} 计算值为 5 分。

12）人群健康管理 F_3

根据二季度人群健康保护监测结果，施工区未发生因工程引起的环境变化带来的传染病、地方病，未发生交叉感染或生活卫生条件引发传染病流行，卫生防疫 F_{31} 为 5 分；新村营地、金坪子营地、码头上营地三处营地饮用水监测值均达标，饮用水水质 F_{32} 为 5 分。根据《乌东德工程 2017 年度安全生产标准化自评报告》，安全与职业健康 F_{33} 计算值为 95.6 分，见表 3.18。

表 3.18 自评审安全生产标准化分数一览表

序号	项目内容	标准分	应得分	实得分	得分率（%）
5.1	目标	30	30	30	100
5.2	组织机构和职责	50	50	48	92.00
5.3	安全生产投入	50	50	50	100.00
5.4	法律法规与安全管理制度	60	60	58	96.67
5.5	教育培训	70	70	63	90.00
5.6	施工设备管理	150	150	140	93.33
5.7	作业安全	310	295	277	93.90
5.8	隐患排查和治理	70	70	70	100.00
5.9	重大危险源监控	50	50	50	100.00
5.10	职业健康	50	50	48	96.00
5.11	应急救援	50	50	48	96.00
5.12	事故报告、调查和处理	30	30	30	100.00
5.13	绩效评定和持续改进	30	30	30	100.00
总 计		1000	985	942	95.6

13）外部监督 F_4

二季度地方行政主管部门提出的三条检查经现场复核已整改落实，政府部门督促 F_{41} 为 5 分；施工区人口密集区域设立了环境保护投诉与举报信息，并与当地政府建立了沟通渠道，二季度未接到周边居民投诉，与施工区周边居民关系 F_{42} 为 5 分。

3.4.1.2 定性指标计算

选取建设单位、设计单位、环境监理、环评单位、监理单位、施工单位 6 位对现场较熟悉的工程师进行成熟度打分，根据式（2-1）计算各定性指标得分见表 3.19。

表 3.19　定性指标计算值

指标	建设单位	设计单位	环境监理	环评单位	土建监理	施工单位	得分
D_{51}	1.80	1.50	1.60	1.50	1.80	2.50	2.16
D_{52}	2.50	2.50	2.40	2.40	2.80	2.80	3.00
D_{61}	2.50	1.50	1.50	1.50	2.50	2.50	2.50
D_{62}	2.80	2.20	2.30	2.50	2.50	2.50	3.00
D_{71}	2.80	2.50	2.50	2.50	2.80	2.80	3.00
E_{11}	2.50	2.00	2.00	2.00	2.80	3.00	3.16
F_{11}	3.80	3.50	3.60	3.50	4.00	4.00	4.33
F_{12}	3.80	3.50	3.60	3.50	4.00	4.00	4.33
F_{21}	2.00	2.00	1.80	1.80	2.50	2.50	2.66
F_{23}	1.50	1.50	1.50	1.50	2.50	2.50	2.33

综上所述，各指标计算值和评价值见表 3.20。

表 3.20　绿色施工指标层指标计算值和评价值

指标	计算值	评价值	指标	计算值	评价值
D_{11}	4.83	4.83	E_{11}	3.16	3.16
D_{12}	3.71	3.71	E_{12}	0.74	5
D_{21}	5	5	E_{21}	110.08%	2.75
D_{22}	5	5	E_{22}	24%	1
D_{31}	5	5	E_{31}	0.407	5
D_{32}	3	3	E_{41}	102.82%	2.43
D_{41}	3.67	3.67	E_{42}	88.22%	4.911
D_{42}	3.67	3.67	F_{11}	4.33	4.33
D_{43}	5	5	F_{12}	4.33	4.33
D_{44}	5	5	F_{21}	2.66	2.66
D_{51}	2.16	2.16	F_{22}	71.43%	2.072
D_{52}	3	3	F_{23}	2.33	2.33
D_{53}	38	2.5	F_{24}	5	5
D_{61}	2.5	2.5	F_{31}	5	5
D_{62}	3	3	F_{32}	5	5
D_{71}	3	3	F_{33}	96.6	5
D_{81}	0.62	1	F_{41}	5	5
D_{82}	97.16%	5	F_{42}	5	5
D_{83}	87.77%	5	—	—	—

3.4.2　综合评价

3.4.2.1　指标权重确定

根据表 2.3 构建的绿色施工指标体系，应用层次分析方法，结合建设单位、设计单位、环境监理、环评单位、监理单位、施工单位等 6 位对现场较熟悉的工程师对准则层、分类层和指标层的各指标进行两两打分，最终确定各指标相对于总目标的最终权重，见表 3.21。指标的权重系数说明了该指标在其层级中的相对重要程度，在本书的评价体系中，各指标的权重大小则表明了各指标对于绿色施工评价结果的影响程度。

表 3.21　大中型水电工程绿色施工各指标权重

<table>
<tr><th>准则层</th><th>权重</th><th>分类层</th><th>权重</th><th>指标层</th><th>权重</th><th>最终权重</th><th>排序</th></tr>
<tr><td rowspan="20">D</td><td rowspan="20">0.667</td><td rowspan="2">D_1</td><td rowspan="2">0.239</td><td>D_{11}</td><td>0.667</td><td>0.106</td><td>1</td></tr>
<tr><td>D_{12}</td><td>0.333</td><td>0.053</td><td>4</td></tr>
<tr><td rowspan="2">D_2</td><td rowspan="2">0.089</td><td>D_{21}</td><td>0.750</td><td>0.045</td><td>5</td></tr>
<tr><td>D_{22}</td><td>0.250</td><td>0.015</td><td>24</td></tr>
<tr><td rowspan="2">D_3</td><td rowspan="2">0.089</td><td>D_{31}</td><td>0.500</td><td>0.030</td><td>14</td></tr>
<tr><td>D_{32}</td><td>0.500</td><td>0.030</td><td>15</td></tr>
<tr><td rowspan="4">D_4</td><td rowspan="4">0.089</td><td>D_{41}</td><td>0.300</td><td>0.018</td><td>20</td></tr>
<tr><td>D_{42}</td><td>0.300</td><td>0.018</td><td>21</td></tr>
<tr><td>D_{43}</td><td>0.300</td><td>0.018</td><td>22</td></tr>
<tr><td>D_{44}</td><td>0.100</td><td>0.006</td><td>36</td></tr>
<tr><td rowspan="3">D_5</td><td rowspan="3">0.171</td><td>D_{51}</td><td>0.333</td><td>0.038</td><td>8</td></tr>
<tr><td>D_{52}</td><td>0.333</td><td>0.038</td><td>9</td></tr>
<tr><td>D_{53}</td><td>0.333</td><td>0.038</td><td>10</td></tr>
<tr><td rowspan="2">D_6</td><td rowspan="2">0.042</td><td>D_{61}</td><td>0.800</td><td>0.022</td><td>19</td></tr>
<tr><td>D_{62}</td><td>0.200</td><td>0.006</td><td>37</td></tr>
<tr><td>D_7</td><td>0.042</td><td>D_{71}</td><td>1.000</td><td>0.028</td><td>16</td></tr>
<tr><td rowspan="3">D_8</td><td rowspan="3">0.239</td><td>D_{81}</td><td>0.444</td><td>0.071</td><td>2</td></tr>
<tr><td>D_{82}</td><td>0.111</td><td>0.018</td><td>23</td></tr>
<tr><td>D_{83}</td><td>0.444</td><td>0.071</td><td>3</td></tr>
</table>

续表3.21

准则层	权重	分类层	权重	指标层	权重	最终权重	排序
E	0.167	E_1	0.250	E_{11}	0.800	0.033	11
				E_{12}	0.200	0.008	34
		E_2	0.250	E_{21}	0.750	0.031	12
				E_{22}	0.250	0.010	25
		E_3	0.250	E_{31}	1.000	0.042	7
		E_4	0.250	E_{41}	0.750	0.031	13
				E_{42}	0.250	0.010	26
F	0.167	F_1	0.190	F_{11}	0.750	0.024	18
				F_{12}	0.250	0.008	35
		F_2	0.420	F_{21}	0.625	0.044	6
				F_{22}	0.125	0.009	31
				F_{23}	0.125	0.009	32
				F_{24}	0.125	0.009	33
		F_3	0.269	F_{31}	0.200	0.009	29
				F_{32}	0.200	0.009	30
				F_{33}	0.600	0.027	17
		F_4	0.210	F_{41}	0.500	0.010	27
				F_{42}	0.500	0.010	28

由表3.21可以看出，权重大小排序前10的为：生产废水处理（D_{11}）＞土壤流失控制比（D_{81}）＞林草植被恢复率（D_{83}）＞生活污水处理（D_{12}）＞地下水位控制（D_{21}）＞“三同时”落实（F_{21}）＞能源利用率（E_{31}）＞工程弃渣处理（D_{51}）＝生活垃圾处理（D_{52}）＝危险废物收集和处置（D_{53}）。可以得出与大中型水电工程绿色施工关系较为密切的是施工废水、水土保持、固体废物处理，这符合大中型水电工程施工期环境影响的特点。

3.4.2.2　模糊综合评价

采用式（3－3）～式（3－4）开展分类层指标评价，得出评价值，然后利用表3.3隶属度计算公式，得到绿色施工分类层指标隶属度，结果见表3.22。

表3.22　绿色施工分类层指标隶属度

分类层 \ 等级	评价值	5	4	3	2	1
地表水环境 D_1	4.457	0.457	0.543	0	0	0
地下水环境 D_2	5.000	1	0	0	0	0
大气环境 D_3	4.000	0	1	0	0	0

续表3.22

分类层＼等级	评价值	5	4	3	2	1
声环境 D_4	4.202	0.202	0.798	0	0	0
固体废物 D_5	2.551	0	0	0.551	0.449	0
陆生生态保护 D_6	2.600	0	0	0.600	0.400	0
水生生态保护 D_7	3.000	0	0	1.000	0	0
水土保持 D_8	3.219	0	0.219	0.781	0	0
材料利用 E_1	3.528	0	0.528	0.472	0	0
水资源利用 E_2	2.313	0	0	0.313	0.687	0
能源利用 E_3	5.000	1	0	0	0	0
土地资源利用 E_4	3.050	0	0.050	0.950	0	0
组织管理 F_1	4.330	0.330	0.670	0	0	0
实施管理 F_2	2.838	0	0	0.838	0.162	0
人群健康管理 F_3	5.000	1	0	0	0	0
外部监督 F_4	5.000	1	0	0	0	0

同理利用表 3.3 隶属度计算公式，得到绿色施工准则层隶属度，结果见表 3.23。

表 3.23　绿色施工准则层指标隶属度

准则层＼等级	评价值	5	4	3	2	1
环境保护 D	3.681	0	0.681	0.319	0	0
资源节约 E	3.473	0	0.473	0.527	0	0
综合管理 F	3.965	0	0.965	0.035	0	0

根据表 3.23 进行模糊综合评价，利用式（3－3）计算，$B=$（0，0.694，0.307，0，0），利用式（3－4）计算，绿色施工模糊评价结果为 $FCI=3.697$。

3.4.3　评价结果分析

3.4.3.1　评价结果

根据绿色施工评价等级标准，乌东德水电站 2018 年二季度绿色施工等级属于“良好”水平。

对于准则层指标，环境保护 D、资源节约 E 和综合管理 F 分别为 3.681、3.473、3.965，属于“良好”水平。

对于分类层指标，地表水环境 D_1、地下水环境 D_2、声环境 D_4、能源利用 E_3、组织管理 F_1、人群健康管理 F_3、外部监督 F_4 处于 4～5，属于“好”水平，其中地下水

环境 D_2、能源利用 E_3、人群健康管理 F_3、外部监督 F_4 达到 5；大气环境 D_3、水土保持 D_8、材料利用 E_1、土地资源利用 E_4 处于 3～4，属于“良好”水平，其中大气环境 D_3 达到 4；固体废物 D_5、陆生生态保护 D_6、水生生态保护 D_7、水资源利用 E_2、土地资源利用 E_4、实施管理 F_2 处于 2～3，属于“中等”水平，其中水生生态保护 D_7 达到 3。

在指标层中，地下水位控制 D_{21}、地下水质控制 D_{22}、施工场界外敏感区环境空气控制 D_{31}、施工道路噪声控制 D_{43}、爆破噪声控制 D_{44}、拦渣率 D_{82}、林草植被恢复率 D_{83}、就近取材率 E_{12}、能源利用率 E_{31}、环境风险防范与应急管理 F_{24}、卫生防疫 F_{31}、饮用水水质 F_{32}、安全与职业健康 F_{33}、政府部门督察 F_{41}、与施工区周边居民关系 F_{42} 为 5，生产废水处理 D_{11}、表土收集 E_{42}、环境管理组织体系 F_{11}、环境管理办法 F_{12} 处于 4～5，属于“好”水平；生活污水处理 D_{12}、厂界外敏感区噪声控制 D_{41}、施工生产区噪声控制 D_{42}、节材措施 E_{11} 处于 4～3，属于“良好”水平；施工生产区环境空气控制 D_{32}、工程弃渣处理 D_{51}、生活垃圾处理 D_{52}、危险废物收集和处置 D_{53}、陆生植物保护措施 D_{61}、陆生动物保护措施 D_{62}、水生生态保护措施 D_{71}、生产用水量控制 E_{21}、土地节约集约利用 E_{41}、“三同时”落实 F_{21}、环境问题整改率 F_{22}、宣传及培训 F_{23} 处于 3～2，属于“中等”水平；土壤流失控制比 D_{81}、水资源节约率 E_{22} 为 1，属于“差”水平。

权重排序前 10 的指标中，生产废水处理 D_{11}（排序 1）、地下水位控制 D_{22}（排序 5）、林草植被恢复率 D_{83}（排序 3）、能源利用率 E_{31}（排序 7）4 个指标属于“好”水平；生活污水处理 D_{12}（排序 4）属于“良好”水平；工程弃渣处理 D_{51}（排序 8）、生活垃圾处理 D_{52}（排序 9）、危险废物收集和处置 D_{53}（排序 10）、“三同时”落实 F_{21}（排序 6）5 个指标属于“中等”水平，其中工程弃渣处理 D_{51} 接近 2，接近“较差”水平；土壤流失控制比 D_{81}（排序 2）属于“差”水平。

3.4.3.2 评价结果应用

由以上可知，在下阶段工程管理中，应做好土壤流失控制比、水资源节约率、工程弃渣处理、生活垃圾处理、危险废物收集和处置、“三同时”落实的管理。

对于土壤流失控制，应重点加强施工管控，与主体工程一致，及时绿化和硬化裸露场地，做好过程水土流失防护；对于水资源节约率，该阶段应加强砂石料砂石系统、大坝混凝土浇筑冷却水等用水量较大部位的回收利用，同时在施工区开展节约用水宣传和采用经济措施，激励施工单位节约用水；对于工程弃渣处理，应加强运渣车管理，要求弃渣运输至指定渣场，杜绝沿道路两侧乱弃乱倒，否则不予结算和开展处罚，同时渣场应按照设计要求堆渣，及时做好防护；对于生活垃圾处理，应在施工区各区域增加垃圾桶并做好分类回收利用，同时按照日产日清要求将生活垃圾运输至会东县垃圾填埋场，避免堆积；对于危险废物收集和处置，主要是针对施工区废弃机油管理，应将乱弃的废机油集中到危险废物储存间，并做好相应的防护和台账记录，当达到储存容量后，运输至有回收或处置资质的单位处理；对于“三同时”落实的管理，应将各项环境保护措施工作分解，编制利用进度计划，可应用 Orcale Primavera P6 等进度管理软件加强过程控制，同时做到持续改进，有效优化，确保各项措施与主体工程同时设计、同时施工、同时投入运行。

3.4.4　绿色施工案例

3.4.4.1　原生植物资源移栽创新管理模式

乌东德水电站地处金沙江干热河谷地区，属于干热型河谷气候，其年均气温为18℃～23℃，年降水量为500～900mm，其中90%以上在雨季内降落，年干燥度为3～5，植被类型以干热河谷旱生林和稀树灌丛为主，生态系统较为脆弱。天然植被是经过长期自然选择的结果，是与当地环境条件完美匹配的群落组合，世界各地都将当地天然植被作为植被恢复的参照系。乌东德水电站的绿化设计也遵循此原则，尽可能地选用本地物种。然而在以往水电站建设过程中，由于原生植物多为当地居民私有财产，居民在施工占地清理时，因自身无移栽能力，往往直接砍伐，用于生柴、制作农具等，造成了植物资源极大的浪费。此外，在水电工程建设过程中，征地补偿是建设单位与当地居民矛盾的焦点，建设单位很难直接从施工占地上移栽原生植物，因此，施工区常常出现树木被砍，绿化施工又外购买树木的怪象。为保护和利用本地原生植物，避免上述现象的发生，乌东德水电站提出了一种新的原生植物资源移栽创新管理模式，成功实践了施工区本地原生植物移栽，既提供优良的树种来源，又能减少运距，在保证存活率的同时，节约了工程投资。

1）移栽管理模式机制

原生植物资源移栽核心是能从当地居民获得所需原生植物，顺利实施移栽，首先需要对施工区内职务资源开展调查，对具有移植价值树木的种类、数量、大小及其经济价值进行统计分析，形成施工区植物资源调查成果，然后将调查成果与施工区绿化规划相衔接，最后通过经济补偿手段促使当地居民在施工占地清理时能主动保护原生植物，同意建设单位进行移栽，由建设单位结合现场绿化工程实施进度，及时移栽至绿化规划位置。移栽管理模式流程见图3.4。

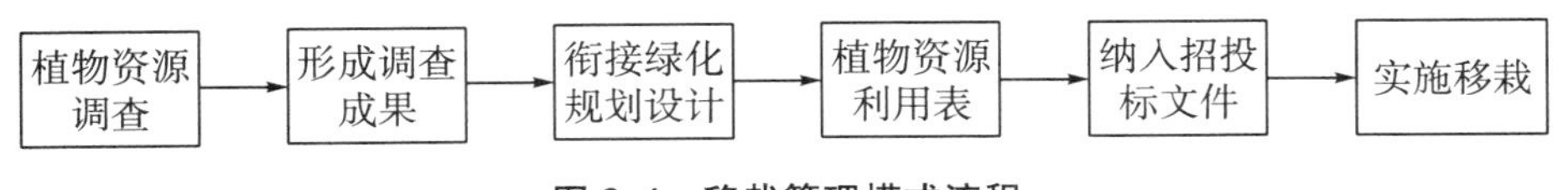

图3.4　移栽管理模式流程

（1）开展施工区植物资源调查。

乌东德水电站委托科研单位对施工区植物资源进行了全面调查，调查结果表明：乌东德水电站施工区具有利用价值的植物资源分布区包含沿江区、鲹鱼河和施期3个区域，具有园林价值且具有利用价值的乔木植物包括酸角、攀枝花、黄葛树、合欢、毛椿和苦楝，以及热带果树石榴、芒果和枇杷。经初步测算，施工区植物资源的货币价值为601万元。

（2）施工区树木移栽规划设计。

为有效利用施工区现有植物资源，乌东德水电站要求绿化设计单位结合施工区植物资源调查成果，编制了《金沙江乌东德水电站施工区树木移栽规划设计报告》。针对各施工功能区和不同类型空间对园林植物的要求，进行了施工区绿化总体布局和详细的植物配植设计，形成施工区原生植物资源利用表，将施工区植物资源调查成果与施工区绿化设计有机衔接。

（3）原生植物移栽招投标管理。

乌东德绿化工程招标时，将施工区原生植物资源利用表纳入绿化工程招标文件，为投标人提供统一的植物资源来源信息，招标方式采用公开招标，在评标方法中在综合评分相等时，以投标报价低的为优，并将原生植物利用作为一项重要评分指标，鼓励投标人从当地居民购买本地原生植物。

对于投标人而言，相比从外地购买树苗，购买本地原生植物，原材料价格会更低，既能降低运费和投标报价，也能提高存活率，更有利于中标；对于当地居民而言，既获得了业主的征地补偿，也能通过变卖原生植物获取额外收入；对业主而言，利用原生植物开展绿化，可以充分激发投标人和当地居民的积极性，主动保护原生植物，减少过程管理，节约工程投资，最终实现业主、投标人、当地居民等利益方“三赢”的局面。

2）实施效果

据初步统计，乌东德水电站绿化工程已移栽施工区可利用原生植物800余株（见表3.24）。对于经济价值较高的胸径 ϕ15cm 以上的高大乔木，主要用于施工区重点绿化区域鱼类增殖放流站、金坪子营地、梅子坪观景平台的绿化，目前已移栽近200株，见表3.25。

表3.24 施工区已移栽树木品种统计表

序号	乔木名称	单位	数量	原生区域	序号	乔木名称	单位	数量	原生区域
1	攀枝花树	株	126	鲹鱼河	10	枇杷	株	11	鲹鱼河
2	合欢	株	180	鲹鱼河	11	桑树	株	3	鲹鱼河
3	黄葛树	株	22	鲹鱼河	12	橡皮树	株	2	鲹鱼河
4	酸角	株	14	鲹鱼河	13	黄葛树	株	1	施期
5	毛椿	株	157	鲹鱼河	14	木瓜	株	2	施期
6	苦楝	株	3	鲹鱼河	15	毛椿	株	7	施期
7	白头树	株	2	鲹鱼河	16	攀枝花树	株	2	施期
8	芒果	株	59	鲹鱼河	17	橡皮树	株	2	施期
9	石榴	株	25	鲹鱼河	18	麻疯树	株	240	施期

表3.25 施工区主要绿化区域乔木移栽统计表

单位：株

移栽位置 \ 树种	攀枝花树	合欢	黄葛树	苦楝	酸角	毛椿
鱼类增殖放流站	12	62	8	2	3	16
金坪子营地	22	16	6	—	11	32
梅子坪观景平台	2	—	—	—	—	6

续表3.25

移栽位置＼树种	攀枝花树	合欢	黄葛树	苦楝	酸角	毛椿
小计	36	78	14	2	14	54
总计	198					

备注：移栽乔木胸径范围主要为：攀枝花树 ϕ15～40cm，合欢 ϕ15～40cm，黄葛树 ϕ15～40cm，苦楝 ϕ15～30cm，酸角 ϕ15～35cm，毛椿 ϕ15～40cm。

以乔木移栽为例，经初步估算，投标人从当地居民购买乔木约为平均 4000 元/株，当地居民可额外增加收入约 80 万元；投标人投标价平均为 9000 元/株，投标人可获利约 100 万元；此规格胸径乔木外购市场价平均按 30000 元/株算（参照已实施的业主营地绿化标价格），业主可节约成本 400 余万元。

3）应用评价

目前我国正在大力开展生态文明建设，水电工程开发过程中也更加注重环境保护，陆生生态保护作为生态保护的重要内容之一，逐渐得到水电工程建设单位的重视。由于水电工程多处于深山峡谷，离城市较远，交通多为不便，绿化工程中外购树种存活率经常难以保证，直接利用施工区原生植物进行绿化成为一种新的选择。建设单位可利用本管理模式从当地居民购买所需移栽植物，提高移栽存活率，保护原有陆生植物的同时，降低工程投资。此外，此管理模式也可推广至整个水电工程库区，对于水库淹没区可利用的植物资源，可移栽用于枢纽工程区、移民安置点以及库区道路等工程的绿化，可以产生良好的经济效益、生态效益和社会效益，具有较好的行业推广前景。

3.4.4.2　交通隧洞粉尘控制

2016 年一季度，乌东德水电站左右岸地下厂房已基本开挖完毕，两岸坝肩按计划正常下挖，施工弃渣按要求运至鲹鱼河渣场，运渣车主要途经路线为左岸 5－2 隧洞—5－1隧洞—下白滩存料场—猪拱地隧洞—河门口隧洞—阴地沟渣场至鲹鱼河渣场（以下简称运渣路线）。从 2016 年近半年运渣路线隧洞运行情况来看，目前洞内粉尘含量高，空气质量差，能见度低，影响洞内清扫人员的职业健康以及行车安全。

1）原因分析

2016 年 4 月 30 日，经现场调查讨论，从人、机、料、法、环等环节进行分析，绘制了因素图（见图 3.5），得出了 19 个末端因素，见表 3.26。

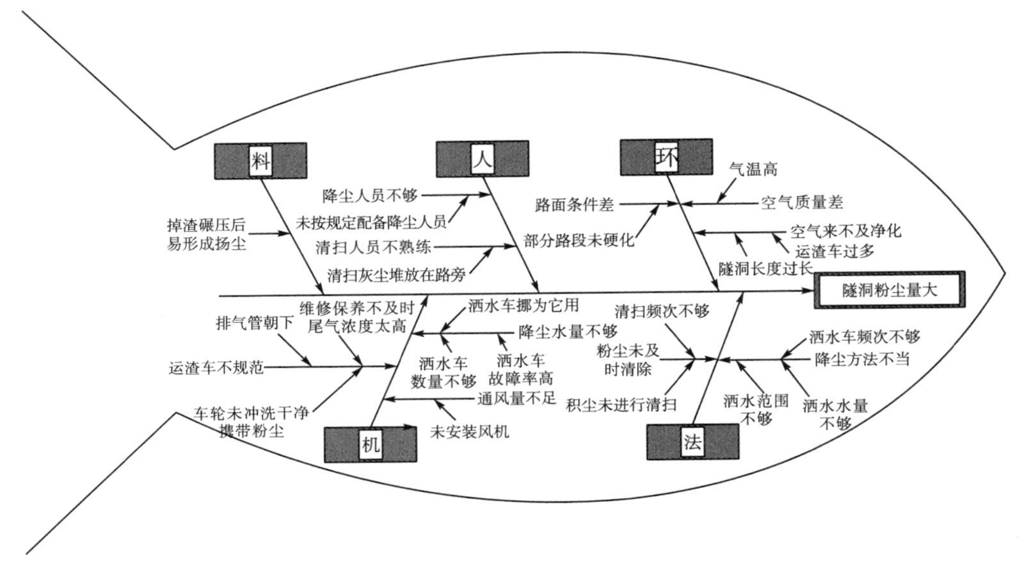

图 3.5　隧洞粉尘量大因素图

表 3.26　要因确认

序号	末端因素	确认内容	确认方法	确认标准	确认结果	结论
1	未按规定配备降尘人员	降尘人员数量和到岗情况	现场验证	各隧洞有专人清扫	有专人清扫	非要因
2	清扫灰尘堆放在路旁	隧洞道路粉尘清扫堆积情况	现场调查	道路清扫粉尘运出隧洞	已运出	非要因
3	气温高	温度值	现场感受	人感官承受能力	能承受	非要因
4	运渣车过多	运渣车数量与粉尘量关系	感官对比法	目测右岸隧洞粉尘浓度	左岸运渣车多，隧洞空气质量差，右岸运渣车相对较少，空气质量较好	要因
5	隧洞长度过长	隧洞长度与粉尘量关系	感官对比法	目测5−2隧洞(614m)粉尘浓度	隧洞越长，空气质量越差	非要因
6	部分路面未硬化	路面硬化情况	现场调查	—	除下白滩料场明线外，道路基本硬化	非要因
7	排气管朝下	运渣车排气管开口方向	现场调查	朝上或水平	少数车辆朝下	非要因
8	车轮未冲洗干净，携带粉尘	运渣车轮胎带渣情况	现场调查	轮胎表观干净	由下白滩存料场进猪拱地隧洞车辆轮胎携带粉尘，其他路段较好	非要因

续表3.26

序号	末端因素	确认内容	确认方法	确认标准	确认结果	结论
9	维修保养不及时，尾气浓度太高	排气孔尾气浓度	现场调查	冒黑烟	较好	非要因
10	洒水车挪为它用	洒水车其他用途	现场询问	—	洒水车作为其他施工工作面用水水车使用	非要因
11	洒水车数量不够	洒水车数量	现场询问	洒水车来回洒水间隔时间和地面蒸发时间	葛洲坝配置4台洒水车，一趟洒水时间半小时，隧洞路面蒸发时间约为半小时，基本能满足要求	非要因
12	洒水车故障率高	维修频次	现场询问	维修时间影响洒水频次要求	洒水车维修频次高，但能基本运行	非要因
13	未安装风机	风机数量	现场调查	数量和通风循环时间	未安装风机	要因
14	掉渣碾压后易形成扬尘	路面掉渣情况	现场调查	肉眼感官观察	渣车挡板高度基本能拦挡弃渣	非要因
15	洒水车频次不够	洒水频次	现场询问	洒水频次能保证路面浸湿	部分隧洞路面干燥	要因
16	洒水水量不够	洒水后路面浸湿情况	现场调查	洒水量能浸湿路面	洒水车能浸湿路面	非要因
17	洒水范围不够	洒水车是否全覆盖隧洞	现场调查	所有隧洞能保证洒水	各隧洞均安排洒水	非要因
18	清扫频次不够	清扫频次	现场调查	清扫频次能保持路面干净	各隧洞有专人不定时清扫	非要因
19	积尘未进行清扫	路面干净度	现场调查	路面基本无粉尘和掉渣	隧洞路面基本干净	非要因

2）对策研究

经分析，确定了运渣车过多、未安装风机、洒水车频次不够三个要因。根据工程实际，结合各要因粉尘产生的原因，提出针对防治对策。

要因1：运渣车为隧洞粉尘的根本来源，为保证左右岸坝肩开挖弃渣按要求运输至鲹鱼河渣场，需配置同等强度的运渣车，因此第一条要因目前暂不考虑，待出渣高峰期结束后自然由要因转为非要因。

要因2：猪拱地隧洞（长度932m）、河门口隧洞（长度1530m）隧洞较长，属于永久运行隧洞，建议按照运行规范要求安装风机，提高洞内空气质量。

要因3：洒水车路面洒水可保持全路面浸湿，控制粉尘作用明显，由于隧洞内温度较高，蒸发快，因此可增加洒水频次，再行采购一台洒水车来回洒水，保证地面湿润不起灰。

3.4.4.3　坝肩高陡边坡控制粉尘开挖方法

大中型水电工程一般坐落于崇山峻岭中，坝址两岸地形陡峻，形成狭窄的“V”形谷，坝肩岩石边坡普遍具有边坡高而陡、工程量大、开挖强度高等特点。在坝肩高陡边坡开挖施工中，钻孔、爆破、出渣等工艺环节容易产生粉尘，特别是在爆破过程中，靠江侧爆堆松散石渣在爆破冲击作用下沿高边坡从上而下滚落，沿程与坡面撞击形成大量粉尘，在风力的作用下，沿河谷飘散，形成大面积的粉尘污染，严重影响作业面施工人员身体健康，降低施工区环境空气质量，甚至引起周边居民的环境投诉。此外，由于开挖边坡施工场地狭窄，无法布置出渣道路，边坡出渣通常采取“推渣下江、基坑出渣”的方式，在向河床推渣过程中，石渣在边坡上滚落同样产生大量粉尘。开挖实践表明，石渣沿高边坡滚落是高陡边坡开挖粉尘产生的主要原因。目前在工程建设领域，通常采用压水袋、管道洒水、高压喷雾等湿式降尘方法，这些方法对地下隧洞、低边坡等小规模开挖爆破降尘有一定作用，但对于大面积高陡边坡工程，受地形、大风、干热等因素影响，效果有限。此外，石渣在高边坡上滚落产生的粉尘，目前尚无较好的控制方法。因此，根据坝肩高陡边坡爆破施工特点，以湿法生产、控制石渣沿高边坡滚落为基础，急需研究一种水电工程坝肩高陡边坡控制粉尘的开挖方法。

1）实施方式

乌东德水电站拱坝边坡开挖最高高程为1150m，最低高程为718m，最大开挖高度为432m。高程1400m以下，河谷狭窄，岸坡陡峻，坡角一般60°～75°，高程900m以下呈绝壁状，岸坡坡角达82°。按照设计图要求，边坡高程1030m以上边坡每梯段开挖高度为15m，每级边坡中间设宽3m马道，开挖坡比1：0.1～1：0.3，如图3.6所示。该水电工程坝肩高陡边坡控制粉尘的开挖方法包括以下步骤。

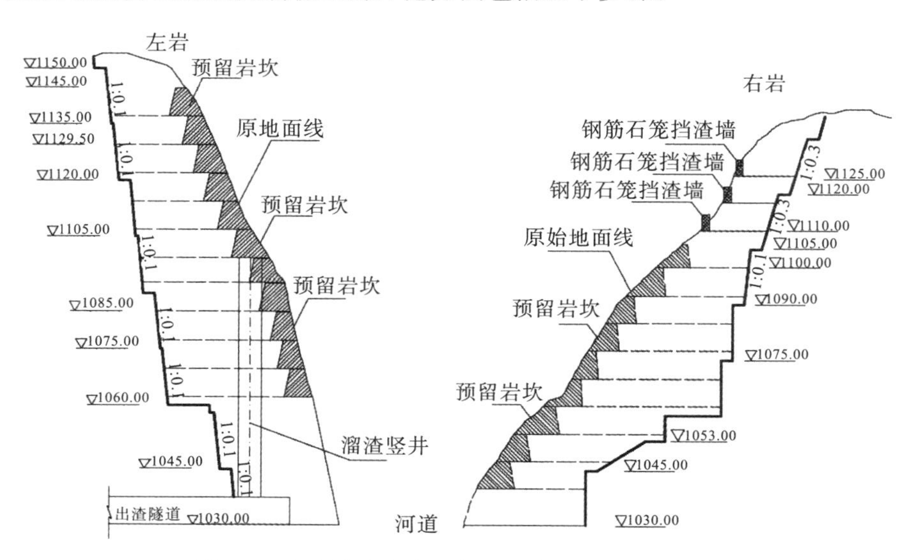

图3.6　乌东德水电站左右岸坝肩边坡开挖剖面图

（1）梯段开挖方案设计：对于右岸高程1110m以上边坡开挖厚度小于20m梯段，边坡外侧设置钢筋石笼挡渣墙，由钢筋石笼组成，钢筋石笼的大小规格为2m×1m×

1m，采用“1+1”形式码放，高度为 2.0m；对于右岸高程 1110m 以下及左岸边坡开挖厚度大于 20m 梯段，如图 3.7 所示，分两层开挖，每层开挖分前区和后区，前区预留宽 2～4m、高 7.5m 岩埂作为预留岩坎。

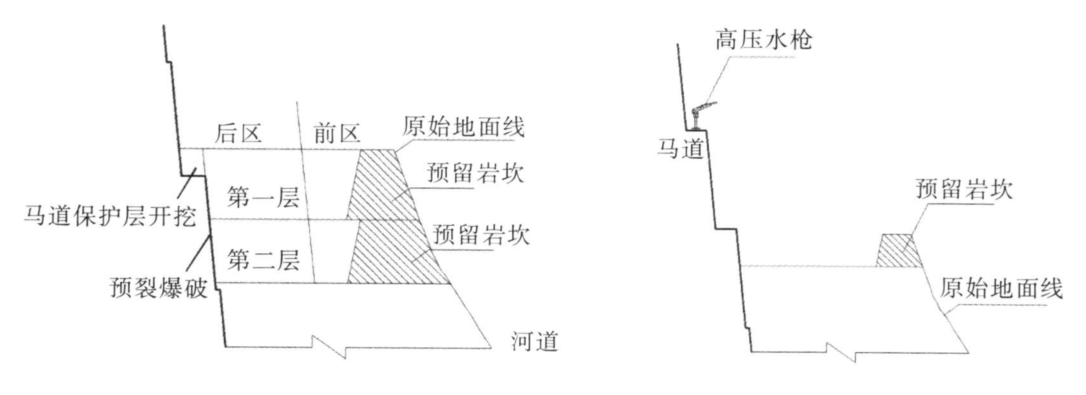

图 3.7　分层分区开挖示意图

图 3.8　高压喷枪设置示意图

(2) 设置高压水枪：在开挖面以上边坡的马道上安装高压水枪，如图 3.8 所示；所述高压水枪的间隔为 60m，射程为 56～99m，高压水枪与开挖面高度差<45m，且每层设置 4～6 把高压水枪。

(3) 爆破钻孔：爆破钻孔选用带除尘器的钻机进行钻孔，钻孔时采用湿法作业。

(4) 铺设软管：在爆破区域铺设带花孔软管，通水后对爆破面充分洒水浸透。

(5) 爆破：开启步骤 2 设置的高压水枪，持续洒水 3～5min 后起爆，爆破选择有钢筋石笼挡渣墙和预留岩坎的方向为主爆破方向进行爆破，爆破以松动爆破为主，使爆破后，梯段上部岩石松动，最大限度地减少爆破过程中产生的飞石，单位岩石耗药量由现场多次爆破试验确定；预留岩坎内侧采用缓冲爆破，多钻孔、少装药、孔内不耦合装药，达到形成完整拦渣坎的效果，对于少部分大块石及时进行二次爆破；爆破后高压水枪持续洒水 8～10min。

(6) 出渣：对左岸高程 1100～1030m 边坡，由于地形十分陡峭，难以形成明线临时出渣道路，为提供出渣条件，布置 1 条直径 8m、深 70m 的溜渣竖井，爆破后，用反铲将石渣翻入溜渣竖井内，在溜渣竖井底部用装载机将石渣装入自卸车运至渣场。出渣过程中，使用洒水车或洒水管道对爆堆充分洒水润湿，控制装渣和翻渣产生的粉尘。

(7) 拆墙坎：将钢筋石笼挡渣墙和预留岩坎拆除，所述预留岩坎采用小规模松动爆破的方法分梯段逐层拆除，所述预留岩坎拆除时导向爆破区钻孔深度为预留岩坎底宽的 2/3，爆破孔单耗为 0.3～0.4kg/m，预留岩坎爆破后，用反铲向内侧轻挖，防止石渣沿边坡滚落。

2) 实施效果

为检验本开挖技术的效果，在现场开挖爆破期间开展了连续一个星期的监测，监测结果见表 3.27。

表 3.27 现场监测结果

时间	监测值	标准值
	TSP（mg/m^3）	TSP（mg/m^3）
第 1 天	0.211	1.0
第 2 天	0.149	1.0
第 3 天	0.239	1.0
第 4 天	0.296	1.0
第 5 天	0.199	1.0
第 6 天	0.234	1.0
第 7 天	0.155	1.0
备注	大气污染物排放标准执行《大气污染物综合排放标准》(GB 16297—1996)二级标准，无组织排放执行无组织排放监控浓度限值，TSP 标准值为 1.0mg/m^3	

由表 3.27 可以看出，粉尘 TSP 均满足排放标准要求，本书技术可有效降低施工过程中各工艺环节产生的粉尘，提高施工区环境空气质量，减少对周围施工人员和居民的影响。

3）应用评价

本书提出采取钢筋石笼挡渣墙、预留岩坎拦渣、溜渣竖井出渣的大中型水电工程坝肩高陡边坡控制粉尘的开挖方法，与以往的高陡边坡开挖降尘方法相比，有效地减少了石渣沿边坡滚落，避免大量粉尘产生。在爆破前对于开挖厚度大的梯段，采用分两层开挖，每层开挖分前区和后区，前区预留岩坎的方式，有效地控制了爆破时粉尘的产生；极大地改善了施工环境，保证了施工人员的健康和安全。本书粉尘控制措施结合边坡开挖爆破和出渣施工方案，实施操作性强，高压水枪降尘、管道洒水等所用材料能循环利用，成本较低，具有很好的降尘效果。

3.5 绿色水电评价

3.5.1 绿色水电指标评价计算过程

由于乌东德水电站还在建设期，未投入运行，本节指标值主要采用《乌东德水电站环境影响评价报告书》《金沙江乌东德水电站蓄水计划及调度方案报告》预测值或参考流域已运行电站监测值，以此求得各指标计算值。

3.5.1.1 水文特征 F_1

1）生态需求量满足率 F_{11}

根据环评批复要求，乌东德水电站正常运行期通过机组发电和泄洪设施下泄不低于

900～1160m^3/s的生态流量。按照调度方案，考虑水生生物产卵、繁殖、生长需求，乌东德水电站首批机组投产后，非鱼类产卵期（8月～翌年2月）电站最小下泄流量为900m^3/s，鱼类产卵期（3～7月）电站最小下泄流量为1160m^3/s。在日调度运行过程中可采用机组发电下泄生态流量，乌东德单台机组额定流量为691.1m^3/s，即通过开启2台机组即可满足不同时段下泄最小生态流量要求。生态需水量满足率F_{11}为100%。

2）修正的年径流量偏差比例F_{12}

根据调度方案，多年平均情况下上游梯级调蓄前后乌东德坝址径流变化过程见表3.28。根据表2.7计算公式得出修正的年径流量偏差比例F_{12}为0.563。

表3.28　上游梯级调蓄前后乌东德坝址径流变化过程

单位：m^3/s

月份	调蓄前	调蓄后	增加值
1月	1286	1751	465
2月	1110	1697	587
3月	1070	1738	667
4月	1287	1791	504
5月	1986	2359	373
6月	4324	4153	−170
7月	8027	6905	−1122
8月	8540	7205	−1335
9月	8409	8157	−253
10月	5309	5199	−110
11月	2705	2731	26
12月	1711	1954	244

3.5.1.2　河流水质F_2

1）库区水质污染指数F_{21}

根据《金沙江乌东德水电站环境影响报告书》，工程所在的金沙江下游河段地表水执行《地表水环境质量标准》（GB 3838—2002）Ⅲ类水标准，库区水质影响预测依据工程河段水质与污染源现状分析，水库预测因子选择BOD_5、COD、NH_3-N、TP、TN、DO。平水年各水期主库水质浓度沿程变化见表3.29。此外，由于评价区内工业重金属污染物排放量较少，且地表水质指标中重金属浓度较低，同时根据规划，乌东德库区涉及县区均加强重金属污染治理，限制重金属污染物排放，部分地区涉重金属企业达到“零排放”，暂不对重金属污染负荷进行预测，因此本书也不考虑重金属有毒指标。图3.9为乌东德库区计算区域示意。

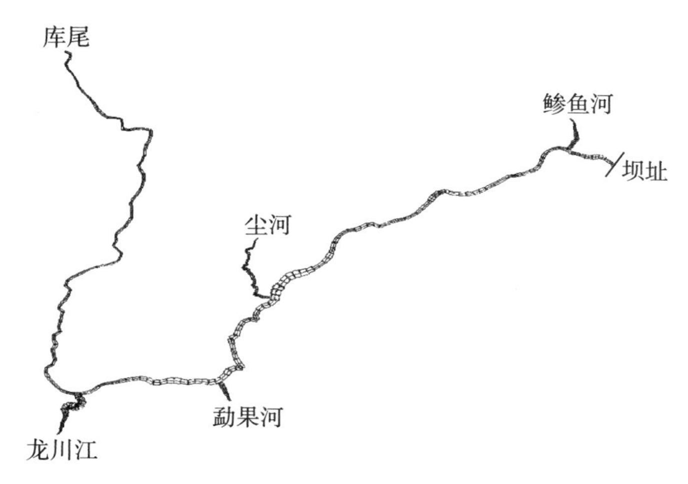

图 3.9　乌东德库区计算区域

表 3.29　平水年各水期主库水质浓度沿程变化

单位：mg/L

敏感断面	水期	COD	NH_3-N	TP	TN	BOD_5	DO
马店河水厂取水口	丰水期 8 月	16	0.027	0.072	0.64	2.8	7.9
	平水期 11 月	9.8	0.019	0.022	0.612	2.59	9
	枯水期 3 月	11	0.031	0.053	0.694	2.62	9
会理县昆鹏铜业有限责任公司取水口	丰水期 8 月	15.8	0.028	0.072	0.64	2.8	7.9
	平水期 11 月	9.7	0.023	0.022	0.616	2.56	8.9
	枯水期 3 月	10.9	0.034	0.053	0.696	2.59	9
马鞍坪矿山废石综合利用有限责任公司取水口	丰水期 8 月	15.6	0.028	0.071	0.636	2.7	7.9
	平水期 11 月	9.4	0.021	0.022	0.609	2.5	8.9
	枯水期 3 月	10.6	0.032	0.053	0.688	2.52	8.9
龙川江汇口上游断面	丰水期 8 月	14.6	0.028	0.07	0.623	2.6	7.8
	平水期 11 月	6.9	0.018	0.032	0.528	1.67	8.3
	枯水期 3 月	8.1	0.028	0.048	0.61	1.86	8.6
龙川江汇口下游断面	丰水期 8 月	14.5	0.028	0.07	0.623	2.6	7.8
	平水期 11 月	6.8	0.018	0.032	0.524	1.65	8.3
	枯水期 3 月	8.1	0.027	0.048	0.611	1.86	8.6
勐果河汇口上游断面	丰水期 8 月	13.3	0.028	0.068	0.602	2.4	7.6
	平水期 11 月	6.6	0.017	0.034	0.521	1.58	8.1
	枯水期 3 月	7.1	0.025	0.046	0.583	1.65	8.5
勐果河汇口下游断面	丰水期 8 月	13.3	0.028	0.068	0.602	2.4	7.6
	平水期 11 月	6.7	0.017	0.034	0.524	1.6	8.1
	枯水期 3 月	7.1	0.025	0.046	0.583	1.65	8.5

续表3.29

敏感断面	水期	COD	NH_3-N	TP	TN	BOD_5	DO
尘河汇口上游断面	丰水期8月	11.9	0.026	0.065	0.584	2.1	7.5
	平水期11月	6.7	0.017	0.037	0.518	1.54	7.9
	枯水期3月	6	0.022	0.043	0.547	1.4	8.4
尘河汇口下游断面	丰水期8月	11.9	0.026	0.065	0.584	2.1	7.5
	平水期11月	6.7	0.017	0.037	0.519	1.55	8
	枯水期3月	6	0.022	0.043	0.547	1.39	8.4
鲹鱼河汇口上游断面	丰水期8月	9.5	0.024	0.072	0.62	1.7	7.2
	平水期11月	6.4	0.018	0.033	0.513	1.55	8.1
	枯水期3月	5	0.02	0.043	0.525	1.18	8.2
鲹鱼河汇口下游断面	丰水期8月	9	0.023	0.079	0.671	1.5	7.1
	平水期11月	6.4	0.018	0.033	0.514	1.56	8.1
	枯水期3月	4.7	0.022	0.04	0.554	1.1	8.3

主要环境因子的环境质量标准见表3.30。

表3.30　乌东德水电站环境质量执行标准

项目	标准值（mg/L）
化学需氧量（COD）	≤20
五日生化需氧量（BOD_5）	≤4
氨氮（NH_3-N）	≤1.0
总氮（TN）	1
总磷（TP）	≤0.2（湖库0.05）

根据表3.30库区水质预测结果和各指标标准值，按照表2.7计算公式得出$\overline{P}_{丰}=0.659$，$\overline{P}_{平}=0.403$，$\overline{P}_{枯}=0.481$，按照最不利考虑，选取丰水期库区水质污染指数作为全年污染指数，库区水质污染指数F_{21}为0.659。

2）库区营养状态F_{22}

水库蓄水后，主库及部分支流回水区受水库回水顶托影响，支流来水量小，回水区水体处于相对静止状态（流速很小），造成进入水体的污染物质不易扩散，大量污染物质进入水体后易形成富集，若氮、磷等大量营养物质富集，可能会出现富营养化现象。根据水质预测，库区平水年和枯水年汛期8月主库绝大部分区域的TP在0.05～0.07mg/L的范围内；绝大部分区域的TN在0.5～0.6mg/L的范围内。按照《地表水资源质量评价技术规程》（SL 395—2007）湖泊（水库）营养状态评价标准（见表3.31），平水年和枯水年主库区处于中～富营养化状态，库区营养状态F_{22}取值70。

表 3.31　湖泊（水库）营养状态评价标准

营养状态	TP（mg/L）	TN（mg/L）
贫～中营养化	0.005～0.01	0.2～0.35
中营养化	0.01～0.03	0.35～0.5
中～富营养化	0.03～0.1	0.5～1.5
富营养化	>0.1	>1.5

3）下泄低温水和气体饱和度的影响程度和影响范围

（1）下泄低温水。

根据《金沙江乌东德水电站环境影响评价报告书》成果，乌东德库区水温呈季节性分层状态。乌东德水电站运行对下游水温过程有一定程度的春季低温水和冬季高温水影响。单层取水时各典型年在 2 月～8 月的下泄水温低于坝址现状水温，降幅最大月份均在 4 月，降幅分别为 2.0℃（平水年）、1.5℃（枯水年）、1.9℃（丰水年）；各典型年下泄水温在 10 月～翌年 1 月高于坝址现状水温，升幅最大月份在 11 月（枯水年）、12 月（平、丰水年），分别比现状提高了 1.8℃（平水年）、1.5℃（枯水年）、1.0℃（丰水年）。

叠梁门具有运行灵活的特点，可保证在不同运行水位下取得表层温水。为减小乌东德水库低温水下泄对下游鱼类繁殖的不利影响，每年 3～6 月份，乌东德水电站进水口采用叠梁门分层取水设计，保证引取水库表层水。为尽可能地引用水库表层水，减缓低温水下泄对下游水温的影响，左、右岸电站进水口叠梁门顶高程分别为 952.5m、953.0m，相应门高分别为 36.0m、40.0m；左岸叠梁门分为 4m×7 节+8m×1 节，右岸分为 4m×6 节+8m×2 节。计算结果表明，乌东德水电站采取叠梁门分层取水措施后，3～5 月对低温水的改善效果明显，乌东德水电站下泄水温分别提高 0.9℃、1.1℃、0.8℃。

（2）气体过饱和。

对乌东德电站单独泄洪情况下总溶解气体饱和度预测结果表明，乌东德电站由于泄洪水头高，流量大，各泄洪预测工况均出现总溶解气体过饱和现象，且过饱和度与泄洪方式和流量相关。其中，在泄洪洞（出库流量 17893m^3/s）满泄下水体 TDG 饱和度最高，达到 149.6%，在考虑发电尾水掺混影响后，TDG 饱和度降至 127.9%；中孔泄洪时，坝下 TDG 饱和度较泄洪洞泄洪和表孔泄洪低，为 144.8%，尾水掺混后为 124.7%。表孔单泄（Q=14734m^3/s）和中孔单泄（Q=16616m^3/s）以及泄洪洞单泄（Q=17064m^3/s）时，过饱和溶解气体输移释放至岷江汇口前饱和度分别为 106.4%、107.2%、109.4%。当金沙江下游四个梯级联合泄洪运行时，上游电站泄水生成的过饱和 TDG 经过在下游库区的沿程释放，到下一梯级电站坝前仍然没有恢复至平衡饱和度，进而通过发电尾水影响到下游。预测结果表明，当四个梯级联合泄洪，且分别选择泄洪洞单泄或深孔单泄时，白鹤滩坝下发电尾水汇入后饱和度为 134.4%，较乌东德单独运行情况下的 121.5%提高 12.9%；溪洛渡电站坝下发电尾水汇入后的 TDG 饱和度达到 138.6%，较乌东德单独泄洪运行时的 117.9%提高 20.7%；向家坝电站坝下尾水汇入后的 TDG 饱和度达到 139.7%，较单独泄洪运行时的 113.3%提高 26.4%；岷江汇口前断面 TDG 饱和度达到 135.0%，较单独泄洪运行时的 109.4%提高 25.6%。

金沙江最大支流雅砻江及金沙江中游河段梯级电站建成后，由于电站泄水持续时间较短，梯级联合调度将进一步降低乌东德电站的泄洪几率和单次泄洪持续时间，因此从泄洪几率角度分析，梯级建成后发生 TDG 过饱和的几率较梯级建成前减小，持续时间缩短，将大大减小过饱和 TDG 对鱼类的影响。经计算，乌东德坝下鱼类补偿深度要求在 5m 以内。根据坝下游河道大断面测量资料分析，各泄水流量下的下游河道平均水深均能满足鱼类补偿深度要求。乌东德电站下游河道可以为鱼类提供在补偿深度以下的生存空间，只要鱼类在这一区域内生活，即可以避免 TDG 过饱和的影响。但对于仅适宜在表层水中生活的鱼类，不一定能适应深水流速、水温、底质等其他生境要素，其生境将受到一定影响。

因此根据上述预测分析，下泄低温水和气体饱和度影响程度和范围 F_{23} 为一般，取值 55。

3.5.1.3　河流形态 F_3

根据《金沙江乌东德水电站环境影响报告书》，由于枢纽上游已建、在建水库的拦沙影响，乌东德水库运用初期入库泥沙大量减少，水库开始运用的前 10 年间，入库悬沙总量仅为 5.44 亿 t，占坝址处天然情况悬沙总量的 44.6%。由于上游水库的拦沙作用，进入乌东德水库的悬沙粒径变细，在乌东德水库运用初期，排沙比即可达到 30%左右，乌东德库区淤积量统计（悬沙）见表 3.32，库区泥沙淤积量见表 3.33。根据预测结果，乌东德水库运行 10 年时，淤积率 F_{31} 为 4.12%，排沙比 F_{32} 为 30.11%。

表 3.32　乌东德库区淤积量统计（悬沙）

距坝里程（km）	分段淤积量（亿 m³）					总淤积量（亿 m³）	排沙比（%）
	213.9—134.8	134.8—112.9	112.9—73.6	73.6—49.4	49.4—0		
	w106—w72	w72—w62	w62—w40	w40—w27	w27—w01		
10 年	0	0	0.69	1.33	0.9	2.93	30.11
20 年	0	0	1.39	2.71	1.9	6.00	31.68
30 年	0	0	2.13	4.14	3.13	9.40	33.25
40 年	0	0.01	2.93	5.55	4.58	13.07	33.44
50 年	0	0.02	3.81	6.86	6.28	16.97	33.58
60 年	0	0.09	4.83	7.88	8.36	21.16	33.88
70 年	0	0.28	6	8.75	10.65	25.68	34.3
80 年	0.01	0.6	7.18	9.5	13.05	30.33	35.95
90 年	0.02	1.01	8.39	10.12	15.46	35	38.75
100 年	0.07	1.39	9.54	10.72	17.57	39.28	44.85

表 3.33　乌东德水电站库区泥沙淤积量

年份	悬移质淤积量（亿 m^3）	推移质淤积量（亿 m^3）	淤积总量（亿 m^3）	淤积率（%）
10 年	2.925	0.126	3.051	4.12
20 年	6.003	0.253	6.255	8.44
30 年	9.402	0.379	9.781	13.20
40 年	13.066	0.505	13.571	18.32
50 年	16.971	0.632	17.602	23.76
60 年	21.155	0.758	21.913	29.58
70 年	25.683	0.884	26.568	35.86
80 年	30.333	1.01	31.343	42.31
90 年	35	1.137	36.137	48.78
100 年	39.282	1.263	40.545	54.73

3.5.1.4　河流连通性 F_4

选用金沙江下游河段连通性计算乌东德水电站河流连通性，金沙江的下游河段从攀枝花到宜宾，全长 768km，采用四级开发方案，即乌东德、白鹤滩、溪洛渡及向家坝 4 个梯级电站。由此计算河道连通性为 0.52，小于 3 为优秀。根据河道连通性分级标准（见表 3.34），采用内插法计算河流连通性 F_{41} 为 96.5。

表 3.34　河道连通性分级标准

指标内容		分级标准及赋分				
		优秀	良好	一般	较差	差
		$N \geqslant 80$	$60 \leqslant N < 80$	$40 \leqslant N < 60$	$20 \leqslant N < 40$	$N < 20$
河道连通性（闸坝个数/100km）	山区、丘陵区	<3	3～8	8～10	10～20	$\geqslant 20$
	平原区	<1	1～3	3～5	5～10	$\geqslant 10$

3.5.1.5　生物生境 F_5

张雄等[13]开展了金沙江下游鱼类栖息地评估和保护优先级研究，得出每条支流的整体栖息地得分后，仿效栖息地环境质量评价指数（QHEI）定性评价各支流栖息地质量等级，其中龙川江、普隆河、勐果河、鲹鱼河 4 条支流为乌东德库区支流，得分分别为 52.9、55.6、62.9、53.5，采取加权平均法计算栖息地评估指标 F_{51} 为 56.23。

3.5.1.6　生物群落 F_6

利用类比法采用溪洛渡水电站蓄水前后相关资料，作为乌东德水电站蓄水后生物群落相关指标参考值。

1）鱼类种类变化率 F_{61}

中国科学院水工程生态研究所于 2008—2011 年对金沙江下游干流进行了 6 次鱼类

资源调查，共采集到鱼类6目16科78种。《金沙江下游流域水生生态监测（2016—2018年）》统计得出溪洛渡库区共监测到鱼类45种，由此计算，鱼类种类变化率 F_{61} 为57.6%。

2）库区物种多样性指数变化率 F_{62}

根据《金沙江溪洛渡水电站环境影响报告书》《金沙江溪洛渡水电站竣工环境保护验收调查报告》《金沙江下游流域水生生态监测（2016—2018年）》，溪洛渡水电站蓄水前后水生生物监测结果见表3.35。

表3.35 溪洛渡水电站蓄水前后水生生物监测结果

类别	蓄水前（1997—1998年）	2018年
浮游植物	6门66属。其中以绿藻门和硅藻门最多，各有27属和24属，其次是蓝藻门9属，甲藻门、裸藻门、黄藻门分别仅有3属、2属和1属	6门56种（属），其中硅藻门29种（属），绿藻门15种（属），蓝藻门7种（属），裸藻门和隐藻门各2种（属），甲藻门1种（属）
浮游动物	48属68种，其中轮虫和枝角类最多，分别为24种和23种，其次是桡足类，有12属13种，最少为原生动物，有7属8种	22种，其中原生动物7种，轮虫6种，枝角类4种，桡足类5种
底栖动物	45属48种，其中种类最多的是水生昆虫，有32种，其次是软体动物，有9种，最少的是甲壳动物，仅3种	15种（属），其中环节动物3种，软体动物2种，节肢动物10种

由此根据表2.7物种多样性指数公式，采用Shannon－Weaver指数计算公式得到各类型生物的多样性指数，见表3.36。库区物种多样性指数变化率取各类别平均值，计算库区物种多样性变化 F_{62} 为－0.06。

表3.36 溪洛渡水电站物种多样性指数

类别	生物多样性指数（1997—1998年）	生物多样性指数（2018年）	库区物种多样性指数变化率
浮游植物	1.252	1.192	－0.048
浮游动物	1.302	1.365	0.048
底栖动物	－0.965	0.861	－1.892
鱼类	0.921	2.431	1.639

3.5.1.7 河流景观 F_7

1）植被覆盖率 F_{71}

根据水土保持批复要求，电站建成后植被覆盖率 F_{71} 为32.4%。

2）景观多样性指数变化率 F_{72}

乌东德水电站生态系统分为森林生态系统、灌丛与灌草丛生态系统、湿地生态系统、农业生态系统、城镇/村落生态系统，蓄水前后各评价区生态系统面积见表3.37。由此根据表2.7计算公式得出景观多样性变化 F_{72} 为－0.096。

表 3.37　评价范围内各生态系统蓄水前后面积

时段	生态系统类型	森林生态系统	灌丛与灌草丛生态系统	农业生态系统	湿地生态系统	城镇/村落生态系统
蓄水前	面积（hm^2）	31835.2	136665.7	39008.8	5738.5	7204.5
	所占百分比	14.44%	61.99%	17.69%	2.60%	3.27%
蓄水后	面积（hm^2）	31485.92	130963.73	37343.02	5738.5	0
	所占百分比	15.32%	63.72%	18.17%	2.79%	0.00%

综上所述，绿色水电各指标计算值和评价值见表 3.38。

表 3.38　各指标计算值和评价值

指标	计算值	评价值	指标	计算值	评价值
F_{11}	100%	5	F_{41}	96.5	4.825
F_{12}	0.563	4.719	F_{51}	56.23	3.082
F_{21}	0.659	3.874	F_{61}	57.6%	0.565
F_{22}	70	1.500	F_{62}	−0.06	3.760
F_{23}	55	2.500	F_{71}	32.4%	3.240
F_{31}	4.12%	4.795	F_{72}	−0.096	3.616
F_{32}	30.11%	1.505	—	—	—

3.5.2　综合评价

3.5.2.1　权重计算

分类层和指标层各指标权重参考文献［6］，结果见表 3.39。

表 3.39　各指标权重

分类层	分类层权重	指标层	指标层权重	指标最终权重	权重排序
F_1	0.347	F_{11}	0.481	0.167	3
		F_{12}	0.519	0.180	2
F_2	0.057	F_{21}	0.299	0.017	11
		F_{22}	0.324	0.018	10
		F_{23}	0.377	0.021	9
F_3	0.066	F_{31}	0.5	0.033	7
		F_{32}	0.5	0.033	7
F_4	0.279	F_{41}	1	0.279	1
F_5	0.115	F_{51}	1	0.115	4

续表3.39

分类层	分类层权重	指标层	指标层权重	指标最终权重	权重排序
F_6	0.115	F_{61}	0.5	0.058	5
		F_{62}	0.5	0.058	5
F_7	0.021	F_{71}	0.521	0.011	12
		F_{72}	0.479	0.010	13

3.5.2.2　指标隶属度确定

根据表3.3计算公式计算各指标隶属度，结果见表3.40。

表3.40　指标层指标隶属度

指标层＼等级	5	4	3	2	1
生态需水量满足率 F_{11}	1	0	0	0	0
修正的年径流量偏差比例 F_{12}	0.719	0.281	0	0	0
库区水质污染指数 F_{21}	0	0.878	0.122	0	0
库区营养状态 F_{22}	0	0	0	0.5	0.5
下泄低温水和气体饱和度的影响程度和影响范围 F_{23}	0	0	0.5	0.5	0
淤积率 F_{31}	0.795	0.205	0	0	0
排沙比 F_{32}	0	0	0	0.505	0.495
河流连通有效性 F_{41}	0.825	0.175	0	0	0
栖息地评估指标 F_{51}	0	0.082	0.918	0	0
鱼类种类变化率 F_{62}	0	0	0	0	1
库区物种多样性变化 F_{61}	0	0.76	0.24	0	0
植被覆盖率 F_{71}	0	0.24	0.76	0	0
景观多样性变化 F_{72}	0	0.616	0.384	0	0

3.5.2.3　模糊综合评价

采用式（3－3）～式（3－4）开展分类层指标评价，得出评价值，然后利用表3.3隶属度计算公式，得到分类层指标隶属度，结果见表3.41。

表 3.41　分类层指标隶属度

分类层 \ 等级	评价值	5	4	3	2	1
水文特征 F_1	4.854	0.854	0.146	0	0	0
河流水环境 F_2	2.588	0	0	0.588	0.412	0
河流形态 F_3	3.150	0	0.15	0.85	0	0
河流连通性 F_4	4.825	0.825	0.175	0	0	0
生物生境 F_5	3.082	0	0.082	0.918	0	0
生物群落 F_6	2.380	0	0	0.380	0.620	0
河流景观 F_7	3.420	0	0.420	0.580	0	0

根据表 3.41 进行模糊综合评价，按照式（3－3）计算，$B=$（0.527，0.128，0.251，0.095，0），利用式（3－4）计算，模糊评价的最终结果为 $FCI=4.086$。

3.5.3　评价结果分析

3.5.3.1　评价结果

根据绿色水电评价等级标准，乌东德水电站绿色水电属于“好”水平。

分类层中，水文特征 F_1、河流连通性 F_4 处于 4～5，属于“好”水平；河流景观 F_7、河流形态 F_3、生物生境 F_5 处于 3～4，属于“良好”水平；河流水环境 F_2、生物群落 F_6 处于 2～3，属于“中等”水平。

指标层中，生态需水量满足率 F_{11}、淤积率 F_{31}、修正的年径流量偏差比例 F_{12}、河道连通性采取措施有效性 F_{41} 处于 4～5，属于“好”水平；库区水质污染指数 F_{21}、库区物种多样性变化 F_{62}、景观多样性变化 F_{72}、植被覆盖率 F_{71}、栖息地评估指标 F_{51} 处于 3～4，属于“良好”水平；下泄低温水和气体饱和度的影响程度和影响范围 F_{23} 处于 2～3，属于“中等”水平。库区营养状态 F_{22}、排沙比 F_{32} 处于 1～2，属于“较差”水平；鱼类种类变化率 F_{61} 处于 0～1，属于“差”水平。

权重排序前 8 的指标中（累计权重为 0.923），生态需水量满足率 F_{11}（排序 3）、修正的年径流量偏差比例 F_{12}（排序 2）、河道连通性采取措施有效性 F_{41}（排序 1）属于“好”水平，累计权重为 0.626，以此奠定了绿色水电属于“好”水平的基础。栖息地评估指标 F_{51}（排序 4）评价值为 3.082，属于“良好”水平，但已接近“中等”水平，库区物种多样性变化 F_{62}（排序 5）评价值为 3.760，属于“良好”水平，接近“好”水平，鱼类种类变化率 F_{61}（排序 5）属于“差”水平，淤积率 F_{31}（排序 7）属于“好”水平，排沙比 F_{32}（排序 7）属于“较差”水平。

3.5.3.2　评价结果应用

由此可知，应加强鱼类种类变化率、栖息地评估指标、排沙比的管理。对于鱼类种类变化率，可通过设立鱼类保护区及栖息地保护，开展增殖放流和修建集鱼过鱼设施等，加强对库区鱼类等生物的多样性保护；对于栖息地评估指标通过加强库区支流和剩余天然河道保护，保证栖息地完整性，以此提高栖息地评估指标评价值；对于排沙比，鉴于乌东德水电站大坝未设排沙孔，运行期可适当增加大坝坝身中孔（可泄洪的最低孔）的使用，最大限度地加大水库的排沙力度。

思考与练习题

(1) 简述我国水电能源基地主要分布，以及金沙江水电基地在其中的地位。

(2) 若要提高乌东德水电站绿色施工和绿色水电水平，需采取哪些措施?

(3) 原生植物资源移栽的创新管理模式能够成功实践的核心环节是什么?

第二篇　大中型水电工程建设绿色管理

第4章　大中型水电工程环境绩效评价

环境绩效评价是管理组织人员依据环境绩效进行分析、决策的过程，是环境管理重要的组成部分之一[14]，旨在持续地向管理者提供可靠的和可验证的环境信息，以确定一个组织的环境绩效是否满足该组织管理者所设定的标准。美国环境保护署1969年公布国家环境政策法案《关于推动产业界采用系统化环境影响评估程序》，成为国际上最早提及环境绩效评价的标准。近年来，国外学者和组织机构围绕环境绩效评价体系开展了较多研究，包括国际标准化组织（ISO）、联合国经济合作与发展组织（OECD）、亚洲开发银行（ADB）等国际组织，耶鲁大学环境法律与政策中心自2006年开始每两年开展一次的全球环境绩效评估，以跟踪评估世界不同国家环境绩效水平，其中比较有代表的是1999年国际标准化组织（ISO）颁布的《环境绩效评价标准》（ISO14031），将环境绩效指标分为环境状态指标、管理绩效指标和经营绩效指标，企业根据自身实际情况选择具体环境绩效指标。随着我国环境问题逐步显现，我国也加入了OECD参评国，国内众多学者也开展了环境绩效考核研究，对环境绩效考核的评价体系、评价方法、评价标准等进行了广泛的探索研究，旨在提高各行业环境管理水平。

环境绩效作为大中型水电工程管理的重要组成部分，可根据所设定的绩效标准向管理者提供可靠和可验证的环境信息，以便及时有效落实各项环境保护措施，保证其正常运行。本书基于压力—状态—响应模型建立了大中型水电工程环境绩效评价体系，并开展了乌东德水电站2015—2018年环境绩效评价。

4.1　指标体系的构建与评价方法

4.1.1　基于PSR模型的大中型水电工程环境绩效评价指标体系

压力—状态—响应（Pressure-State-Response，PSR）模型是以“原因”和“结果”为逻辑基础的因果框架指标体系，即生产活动会对环境造成压力（pressure），改变了环境质量（state），通过采取环境保护措施和相应经济政策（response）来应对压力，三者之间的相互关系见图4.1。本书依据PSR模型选取了环境效率、环境质量、环境治理3个准则指标，其中“压力P”对应环境效率，以资源消耗和污染物排放作为衡量标准；“状态S”对应环境质量；“响应R”对应环境治理。

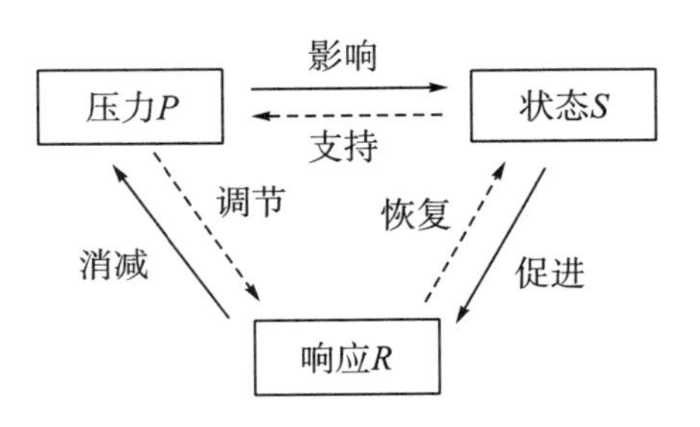

图 4.1 PSR 模型

按照大中型水电工程建设过程中环境影响特点，本着全面性、特征性、适用性、可获取性等原则开展指标筛选。对于环境效率，资源消耗重点选择水、汽油、柴油、电能等使用量，污染物排放重点选择生活污水 COD、氨氮、总磷等特征污染指标，同时选择开挖过程中粉尘排放指标；对于环境质量，包含水、气、噪、陆生生态等各方面，尽可能地全面反映大中型水电工程环境质量。对于环境治理，选择水、生活垃圾、危险废物等指标，同时为了考虑其他未包含的环境保护措施，也纳入了环境污染投资额占总投资比例指标。此外，生态流量作为水电开发对河流影响的重要指标，也纳入环境治理范围，这也是大中型水电工程与其他领域环境绩效评价指标的差异。基于以上分析，选择了 17 个要素层指标，构建大中型水电工程环境绩效评价指标体系，见表 4.1。

表 4.1 大中型水电工程环境绩效评价指标体系和目标值

<table>
<tr><th>目标</th><th>准则层</th><th>要素层</th><th>指标类型</th><th>单位</th><th>目标值</th></tr>
<tr><td rowspan="17">大中型水电工程环境绩效</td><td rowspan="6">环境效率（P）</td><td>单位 GDP 用水量 P_1</td><td>负向指标</td><td>t/万元</td><td>最优</td></tr>
<tr><td>单位 GDP 产值能耗 P_2</td><td>负向指标</td><td>tce/万元</td><td>最优</td></tr>
<tr><td>单位 GDP 废水 COD 排放强度 P_3</td><td>负向指标</td><td>kg/万元</td><td>最优</td></tr>
<tr><td>单位 GDP 废水氨氮排放强度 P_4</td><td>负向指标</td><td>kg/万元</td><td>最优</td></tr>
<tr><td>单位 GDP 废水总磷排放强度 P_5</td><td>负向指标</td><td>kg/万元</td><td>最优</td></tr>
<tr><td>单位 GDP 粉尘排放量 P_6</td><td>负向指标</td><td>kg/万元</td><td>最优</td></tr>
<tr><td rowspan="5">环境质量（S）</td><td>林草覆盖率 S_1</td><td>正向指标</td><td>%</td><td>规范值</td></tr>
<tr><td>环境噪声达标率 S_2</td><td>正向指标</td><td>%</td><td>100</td></tr>
<tr><td>环境空气达标率 S_3</td><td>正向指标</td><td>%</td><td>100</td></tr>
<tr><td>地表水质监测达标比例 S_4</td><td>正向指标</td><td>%</td><td>100</td></tr>
<tr><td>地下水质监测达标比例 S_5</td><td>正向指标</td><td>%</td><td>100</td></tr>
<tr><td rowspan="6">环境治理（R）</td><td>生产废水重复利用率 R_1</td><td>正向指标</td><td>%</td><td>100</td></tr>
<tr><td>生活污水处理率 R_2</td><td>正向指标</td><td>%</td><td>100</td></tr>
<tr><td>生活垃圾无害化处理率 R_3</td><td>正向指标</td><td>%</td><td>100</td></tr>
<tr><td>废机油合规处置率 R_4</td><td>正向指标</td><td>%</td><td>100</td></tr>
<tr><td>环境污染投资额占 GDP 比例 R_5</td><td>正向指标</td><td>%</td><td>规定值</td></tr>
<tr><td>生态流量满足天数 R_6</td><td>正向指标</td><td>%</td><td>100</td></tr>
</table>

4.1.2 环境效益的评价方法和模型

4.1.2.1 环境绩效评价权重确定

采用层次分析法（AHP）和熵权法主客观组合赋权方法，能够较好地避免不同赋权方法本身的缺陷和误差。本书采用2015—2018年4组数据，数据量相对较少，熵权法客观权重计算时可能存在误差，而综合由多位专家打分所得的主观权重后会更为准确，本文取客观权重所占比例为0.8，主观权重所占比例为0.2。

$$w_j = 0.8\sigma_j + 0.2\beta_j \tag{4-1}$$

式中：w_j为综合权重；σ_j为客观权重；β_j为主观权重。

4.1.2.2 熵权法步骤

1）数据标准化

由于指标分为正向指标和负向指标两类，正向指标即数字越大指标绩效越好，负向指标即数字越大指标绩效越差，本书采用单目标渐近法数据标准化，以每个指标的目标值作为参考，通过每个指标趋近目标值的程度，获得相应指标数据标准化后的值，具体公式如下：

$$A_{ij} = \begin{cases} \dfrac{x_{ij}}{S(x_{ij})}, 0 \leqslant x_{ij} \leqslant S(x_{ij}) \\ 1, x_{ij} \geqslant S(x_{ij}) \end{cases} \text{（当 } x_{ij} \text{ 为正向指标）} \tag{4-2}$$

$$A_{ij} = \begin{cases} 1 - \dfrac{x_{ij} - S(x_{ij})}{S(x_{ij})}, x_{ij} \geqslant S(x_{ij}) \\ 1, 0 \leqslant x_{ij} \leqslant S(x_{ij}) \end{cases} \text{（当 } x_{ij} \text{ 为负向指标）} \tag{4-3}$$

式（4-2）～式（4-3）中，A_{ij}为第i年的第j个指标数据标准化后的值；x_{ij}为第i年的第j个指标原始值；$S(x_{ij})$为第i年的第j个指标目标值，当$A_{ij}<0$时，取值为0，当$A_{ij}>1$时，取值为1。

2）求各指标的信息熵

根据信息论中信息熵的定义，一组数据的信息熵为

$$E_j = -\ln(n)^{-1}\sum_{i=1}^{n} p_{ij}\ln p_{ij} \tag{4-4}$$

其中 $p_{ij} = A_{ij}/\sum_{i=1}^{n} A_{ij}$，如果 $p_{ij} = 0$，则定义 $\lim_{x\to 0} p_{ij}\ln p_{ij} = 0$。

3）确定各指标权重

根据式（4-4），计算出各个指标的信息熵E_1，E_2，…，E_n，然后计算各指标的权重：

$$\sigma_j = \frac{1 - E_j}{k - \sum_{j=1}^{n} E_j} (j = 1,2,\cdots,n, k = n) \tag{4-5}$$

4.1.2.3 环境绩效评价模型

$$EPI = \sum_{j=1}^{n} w_j A_{ij} \tag{4-6}$$

4.1.2.4 环境绩效水平判断

根据文献［15］将环境绩效等级划分为5个等级，划分标准见表4.2。

表4.2 环境绩效等级划分标准

绩效等级	绩效状态	绩效值
1	高	0.8～1.0
2	较高	0.6～0.8
3	一般	0.4～0.6
4	较低	0.2～0.4
5	低	0.0～0.2

4.1.3 环境绩效障碍度模型

对环境绩效的主要障碍因素进行分析与诊断，可以针对性地制定和调整现场环境保护措施管理[16]。具体方法如下：引入3个基本变量（因子贡献度 F_j、指标偏度 I_j 和障碍度 O_j）[15]，计算公式如下：

$$O_j = I_j \cdot w_j / \left(\sum_{j=1}^{m} I_j \cdot w_j\right) \tag{4-7}$$

其中 $I_j = 1 - A_{ij}$。

式中：O_j 为第 j 个指标障碍度；I_j 为第 j 个指标标准化值 A_{ij} 与最优目标值之间的差距；w_j 为第 j 个评价指标权重。

4.2 基于耗散结构理论的环境绩效分析

耗散结构是指一个远离平衡态的开放系统通过不断地与外界交换物质和能量，在外界的条件变化达到一定阈值时，能自动地从原来的无序状态转变为一个新的有序状态[17]。熵物理意义是体系混乱程度的度量，为此可以根据其特性将其引入环境绩效管理，称为管理熵，将管理熵分为正熵和负熵，正熵是导致混乱的原因，负熵是采用某种外界因素干扰，使其有序的动力。大中型水电工程环境系统是一个开放动态变化的系统，它不断地从外界获取物质和能量，内部不断地更新变化，符合耗散结构的特点。工程建设施工过程中，环境效率（P）对应正熵、环境治理（R）对应负熵，需不断从外部获取负熵来抑制内部正熵的发展，保证施工区环境状态良好。管理熵的公式可以表示为：

$$ds = d_{\mathrm{p}}s + d_{\mathrm{n}}s \tag{4-8}$$

式中：ds 为管理熵；$d_{\mathrm{p}}s$ 为正熵；$d_{\mathrm{n}}s$ 为负熵。当负熵大于正熵时，表示环境管理有效，环境绩效水平较高；当负熵等于正熵时，表示系统处于暂时的平衡状态；当负熵小于正熵时，表示环境正在恶化，环境绩效水平较低。

对于正熵 $d_{p}s$ 计算，采用式（4-4）和式（4-5），对于负熵 $d_{n}s$，取

$$E_j = \ln(n)^{-1}\sum_{i=1}^{n} p_{ij}\ln p_{ij} \tag{4-9}$$

$$d_{n}s = \sum_{j=1}^{n}\sigma_j E_j \tag{4-10}$$

4.3　实例分析

4.3.1　基础数据

以乌东德水电站施工区建设期为例开展大中型水电工程环境绩效评价，数据采用电站 2015—2018 年相关监测和统计结算数据。对于林草覆盖率目标值，按照乌东德水电站水土保持方案报告书批复，取 27%；对于环境污染投资额占 GDP 比例目标值，按照住房城乡建设部和环境保护部发布的《全国城市生态保护与建设规划（2015—2020 年）》，到 2020 年，我国环境保护投资占 GDP 的比例不低于 3.5%，本书参考该目标取 3.5%。各指标值见表 4.3。

表 4.3　2015—2018 年环境绩效指标统计值

指标	单位	2015 年	2016 年	2017 年	2018 年	目标值
单位 GDP 用水量 P_1	t/万元	19.747	18.857	33.201	56.990	18.857
单位 GDP 产值能耗 P_2	tce/万元	0.075	0.100	0.082	0.078	0.075
单位 GDP 废水 COD 排放强度 P_3	kg/万元	0.040	0.025	0.019	0.020	0.019
单位 GDP 废水氨氮排放强度 P_4	kg/万元	0.025	0.018	0.018	0.017	0.017
单位 GDP 废水总磷排放强度 P_5	kg/万元	0.0021	0.0008	0.0010	0.0005	0.0005
单位 GDP 粉尘排放量 P_6	kg/万元	7.161	7.649	4.349	2.773	2.773
林草覆盖率 S_1	%	19.63	25.49	25.91	26.76	27.00
环境噪声达标率 S_2	%	50	75	56.25	88.889	100
环境空气达标率 S_3	%	33.333	66.7	75	100	100
地表水质监测达标比例 S_4	%	100	100	100	100	100
地下水质监测达标比例 S_5	%	100	83	67	100	100
生产废水重复利用率 R_1	%	85.9	88.7	88.8	87.5	100
生活污水处理率 R_2	%	99	98	99	98	100
生活垃圾无害化处理率 R_3	%	96	98	97	95	100
废机油合规处置率 R_4	%	62.5	87.5	87.5	100	100
环境污染投资额占 GDP 比例 R_5	%	5.445	5.839	2.516	3.496	3.500
生态流量满足天数 R_6	%	100	100	100	100	100

4.3.2 环境绩效评价

根据式（4－1）～式（4－5），计算各指标权重，见表 4.4。

表 4.4　2015—2018 年要素层指标权重计算结果

要素层	标准化值				熵权（σ）	AHP（β）	组合权重（w）
	2015 年	2016 年	2017 年	2018 年			
P_1	0.953	1.000	0.239	0.000	0.161	0.033	0.135
P_2	1.000	0.659	0.907	0.951	0.004	0.033	0.010
P_3	0.000	0.715	1.000	0.991	0.113	0.067	0.104
P_4	0.544	0.953	0.963	1.000	0.010	0.067	0.021
P_5	0.000	0.174	0.000	1.000	0.367	0.067	0.307
P_6	0.000	0.000	0.432	1.000	0.294	0.067	0.248
S_1	0.727	0.944	0.960	0.991	0.003	0.025	0.007
S_2	0.500	0.750	0.563	0.889	0.010	0.086	0.025
S_3	0.333	0.667	0.750	1.000	0.025	0.086	0.037
S_4	1.000	1.000	1.000	1.000	0.000	0.050	0.010
S_5	1.000	0.830	0.670	1.000	0.005	0.086	0.021
R_1	0.859	0.887	0.888	0.875	0.000	0.057	0.011
R_2	0.990	0.980	0.990	0.980	0.000	0.057	0.011
R_3	0.960	0.980	0.970	0.950	0.000	0.055	0.011
R_4	0.625	0.875	0.875	1.000	0.005	0.016	0.007
R_5	1.000	1.000	0.719	0.999	0.003	0.049	0.013
R_6	1.000	1.000	1.000	1.000	0.000	0.098	0.020

根据式（4－6），计算得到 2015—2018 年的环境绩效值，根据表 4.2 的等级划分标准，得出各年度评价等级，见表 4.5。

表 4.5　2015—2018 年环境绩效评价结果

年份	环境效率（P）	环境质量（S）	环境治理（R）	综合环境绩效（EPI）	绩效状态
2015 年	0.119	0.141	0.196	0.456	一般
2016 年	0.180	0.172	0.208	0.560	一般
2017 年	0.178	0.161	0.198	0.537	一般
2018 年	0.335	0.203	0.211	0.750	良好

4.3.2.1　综合环境绩效 *EPI* 分析

从表 4.5 可以看出，乌东德水电站环境绩效水平总体呈逐步上升趋势，2017 年到 2018 年提升最高，增长 39.2%，从一般水平上升到良好水平，但 2016 年至 2017 年环境绩效有所下降，2018 年环境绩效上升为良好状态，主要是因为经过四年建设，工程各项环境保护措施已基本运行稳定。

4.3.2.2　准则层 *PSR* 指标绩效分析

图 4.2 为准则层指标绩效 2015—2018 年变化趋势，可以看出环境效率绩效呈逐年上升趋势，环境质量绩效总体呈上升趋势，但 2016—2017 年有所回落，环境治理绩效总体趋于平稳，其中环境效率绩效水平上升最快，增长达到 64.6%，这与工程施工强度逐步增加有关，环境质量和环境治理绩效增长分别为 30.6%和 7.1%，由此可以判断施工区环境保护措施效果逐步显现。

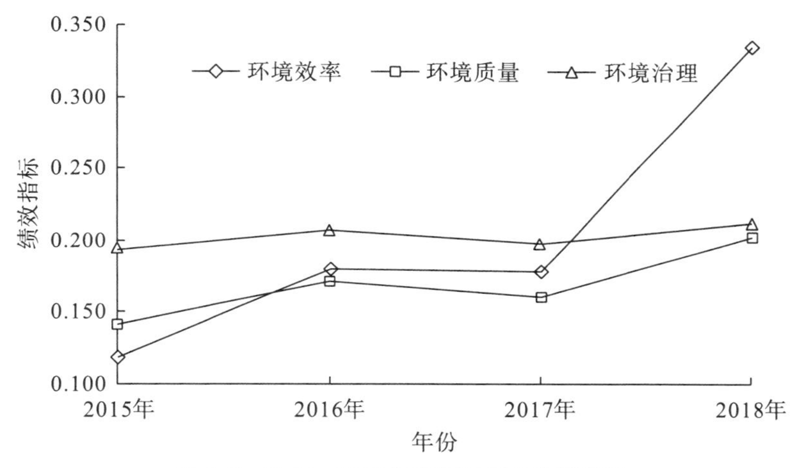

图 4.2　2015—2018 年准则层指标变化趋势

4.3.3　环境绩效阻碍度诊断

根据表 4.4，利用式（4—7）计算要素层指标障碍度和准则层 *PSR* 指标障碍度，计算结果见表 4.6 和表 4.7，同时根据障碍度大小排序，开展阻碍度诊断分析。

表 4.6　2015-2018 年要素层指标环境绩效阻碍度计算结果

单位:%

准则层	要素层	2015 年	2016 年	2017 年	2018 年
P	P_1	0.89	0.00	17.57	95.40
	P_2	0.00	0.62	0.16	0.36
	P_3	14.46	5.28	0.00	0.67
	P_4	1.34	0.18	0.13	0.00
	P_5	42.67	45.19	52.33	0.00
	P_6	34.52	44.24	24.07	0.00

续表4.6

准则层	要素层	2015年	2016年	2017年	2018年
S	S_1	0.27	0.07	0.05	0.04
	S_2	1.74	1.12	1.87	1.96
	S_3	3.42	2.19	1.57	0.00
	S_4	0.00	0.00	0.00	0.00
	S_5	0.00	0.64	1.19	0.00
R	R_1	0.22	0.23	0.22	1.01
	R_2	0.02	0.04	0.02	0.16
	R_3	0.06	0.04	0.06	0.39
	R_4	0.38	0.16	0.16	0.00
	R_5	0.00	0.00	0.60	0.01
	R_6	0.00	0.00	0.00	0.00

表4.7 2015—2018年准则层*PSR*指标环境绩效评价阻碍度计算结果

单位:%

年份	环境效率(P)	环境质量(S)	环境治理(R)
2015年	93.88	5.44	0.68
2016年	95.51	4.02	0.47
2017年	94.27	4.68	1.05
2018年	96.43	2.01	1.57

4.3.3.1 准则层障碍因子

从表4.7和图4.3可以看出，准则层PSR障碍度变化存在一定差异。环境效率、环境质量、环境治理的障碍度总体上呈较平缓趋势，从具体数值来看，环境效益障碍度最大，平均值达到95.02%，随后依次是环境质量、环境治理，均值分别为4.04%、0.94%。由此可见，环境效率是制约水电站环境绩效的主要因素。为此，应采取措施降低环境效率各要素值，在电站日常管理过程中，重点关注生产过程中的资源消耗和污染排放，选择节能施工设备，加强各项环境保护措施的运行管理，从源头上降低资源损耗和减少污染物排放强度，同时开展节约资源和环境保护宣传，培养施工人员良好的生产生活习惯。

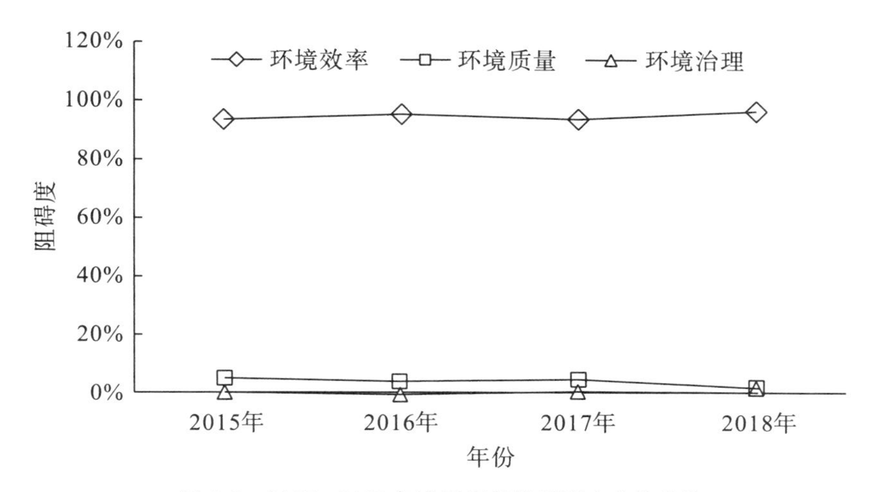

图 4.3　2015—2018 年准则层指标阻碍度变化趋势

4.3.3.2　要素层障碍因子

为便于研究，选取阻碍度前三且超过 10%的影响因子开展研究，具体见表 4.8。从表中可以看出，2015—2018 年排序前三的障碍因子全部为环境效率（P），由此可知影响乌东德水电站环境绩效的因子主要集中在环境效率，同时 2015—2017 年阻碍因子主要为单位 GDP 废水总磷排放强度 P_5、单位 GDP 粉尘排放量 P_6，阻碍因子到 2018 年只剩下单位 GDP 用水量 P_1。

表 4.8　2015—2018 年要素层指标环境绩效阻碍因子阻碍度排序表

单位:%

指标排序	2015 年		2016 年		2017 年		2018 年	
	阻碍因子	障碍度	阻碍因子	障碍度	阻碍因子	障碍度	阻碍因子	障碍度
1	P_5	42.67	P_5	45.19	P_5	52.33	P_1	95.40
2	P_6	34.52	P_6	44.24	P_6	24.07	—	—
3	P_3	14.46	—	—	P_1	17.57	—	—

从各指标出现频次来看，单位 GDP 废水总磷排放强度 P_5、单位 GDP 粉尘排放量 P_6 出现 3 次，单位 GDP 用水量 P_1 出现 2 次，单位 GDP 废水 COD 排放强度 P_3 出现 1 次；从阻碍度大小数值来看单位 GDP 用水量 P_1、GDP 废水总磷排放强度 P_5、单位 GDP 粉尘排放量 P_6 值均较大，由此进一步可知单位 GDP 用水量 P_1、GDP 废水总磷排放强度 P_5、单位 GDP 粉尘排放量 P_6 为主要制约因子。

从原因分析来看，2015—2017 年电站大坝边坡开挖、地下电站开挖支护、泄洪洞开挖支护同步进入施工高峰期，施工人数多，生活污水产生量大，从监测数据来看，部分污水处理厂总磷还存在局部超标，同时由于乌东德边坡地形高陡，呈“V”状，且处于干热河谷地区，大坝边坡开挖粉尘控制难度大，造成 GDP 废水总磷排放强度 P_5、单位 GDP 粉尘排放量 P_6 成为主要制约因子。

从 2018 年数据来看，阻碍影响因子分布和影响值发生了较大变化，阻碍度最大因子由单位GDP废水总磷排放强度P_5变为单位GDP用水量P_1，分析原因是2018年施工区开挖已基本结束，转为大规模混凝土浇筑，混凝土生产工艺中砂石料加工和养护用水量大增，同时部分污水处理厂总磷超标问题已通过技术改造解决达标。此外与前三年相比，仅单位GDP用水量P_1为2018年阻碍影响因子，为此在施工区环境管理过程中，在保证日常环境保护措施正常运行的同时，应加强节约用水管理，对砂石料生产加工系统和混凝土养护冷却等重点用水部位，应加大回收利用力度。

4.3.4 基于耗散结构理论的环境绩效分析

根据表4.4，由式（4－4）和式（4－9）计算出2015—2018年的熵值，根据式(4－5)权重和式（4－10）计算出管理熵值，见表4.9。

表4.9 各指标熵值计算结果

正熵指标	熵值（E_j）	熵权重	$\Delta_j E_j$	负熵指标	熵值（E_j）	熵权重	$\delta_j E_j$
P_1	0.694	0.170	0.118	R_1	−1.000	0.167	−0.167
P_2	0.992	0.005	0.005	R_2	−1.000	0.167	−0.167
P_3	0.784	0.119	0.094	R_3	−1.000	0.167	−0.167
P_4	0.982	0.010	0.010	R_4	−0.990	0.166	−0.164
P_5	0.302	0.387	0.117	R_5	−0.993	0.166	−0.165
P_6	0.442	0.309	0.137	R_6	−1.000	0.167	−0.167
$d_p s$			0.480	$d_n s$			−0.997
$ds = d_p s + d_n s = -0.518$							

表4.9的计算结果表明，负熵值超过了正熵值，环境管理有效，环境绩效水平较高。

思考与练习题

（1）简述环境绩效评价对工程管理的作用，目前国内外环境绩效评价体系主要有哪些？

（2）本文采用的环境绩效评价如何推广到梯级水电开发环境绩效考核中？

（3）通过本文的环境绩效分析，乌东德水电站在哪些方面还需要提升？

第5章　大中型水电工程施工期突发环境风险评估

突发环境风险是指发生突发环境事件的可能性及突发环境事件造成的危害程度。据统计，全世界平均每年都有200多起严重环境污染事故发生，Kononov D A（2019）对世界范围内突发环境事故进行了统计，得出自然因素事故中空气污染占35%、水污染占22%、土壤污染占32%、其他污染占11%，同时指出人为因素事故主要有化学事故、火灾和爆炸、核辐射事故、交通和管道事故等[18]。2000—2010年我国共发生环境污染与破坏事故13480次，其中影响较大的是2005年松花江水污染事件[19]，2011—2017年共发生3203起，平均每年458起，造成了重大人员伤亡、财产损失和环境污染与破坏，突发环境污染事件已成为当今世界各国面临的重大环境问题。

我国学者开展了大量突发环境风险评估研究，穆杰（2016）构建了基于DPSIR模型的长距离输水工程突发水污染事件风险等级评价方法，并以南水北调东线一期工程江苏段为例开展了突发水污染事件风险等级综合评价；白莹（2013）开展了黄河干流小浪底以下典型区段突发性水污染事件预警模型及其风险评估方法研究，根据黄河本土水生物种调查结果，对不同营养级生态风险受体进行风险因子生态毒性测试，建立一套适合黄河流域的河流突发性水污染事件风险评估方法，并开展了不同设计条件下的事故模拟分析；贾倩（2017）根据长江流域突发水污染事件风险特征，从环境风险源强度、环境风险受体易损性、排污通道扩散性三个方面建立了长江流域突发水污染事件风险评估指标体系，并提结合GIS技术开展了风险评估与结果可视化展示，提出了流域水环境风险管控的建议；练继建（2017）建立了由突发污染事件特征、水库当前状态、事故综合影响、处置与响应组成的水库突发水污染事件风险评价指标体系，依据风险计算值对突发水污染事件进行事故等级分类，并按照不同应急调度目标要求开展应急调度方案研究；靳春玲（2018）基于风险源危害性、控制机制有效性和风险受体易损性三个准则层构建了黄河兰州段突发性水污染事故风险评价指标体系，并用模糊层次综合评价法进行了分析，提出应着重关注水源地的风险源和受体。

大中型水电工程开发涉及环境风险多，各类建设活动可能导致周边环境风险增加，开展突发环境事件风险评估，可以掌握工程环境风险状况，提出合理可行的防范减缓措施，以使工程事故率、损害达到可接受水平，同时又可以保障工程建设人员和周边群众生命财产安全，保证工程建设的顺利推进。

5.1 突变理论基本原理及改进的突变评价法

5.1.1 突变评价法的基本原理

突变理论用来描述事物从一种稳定状态突变到另外一种稳定状态的非连续变化，其基本特点是利用系统的势函数对系统的临界点进行分类，并分析临界点附近的变化特征[20]，突发环境风险事件正是环境风险在外界干扰下从一种稳定状态突然转变为另外一种稳定状态的过程，属于此类非连续变化。势函数的变量有状态变量和控制变量两类，它们是矛盾着的两个方面，常用突变模型见图 5.1 和表 5.1[21]。

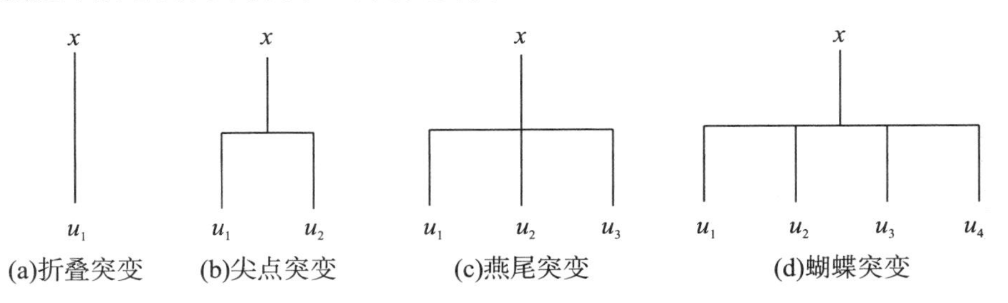

图 5.1 突变模型系统

表 5.1 突变模型势函数和归一化公式

模型类型	控制变量	势函数	归一化公式
折叠突变	1	$F(x)=x^3+u_1x$	$x_{u_1}=\sqrt{u_1}$
尖点突变	2	$F(x)=x^4+u_1x^2+u_2x$	$x_{u_1}=\sqrt{u_1},x_{u_2}=\sqrt[3]{u_2}$
燕尾突变	3	$F(x)=x^5+u_1x^3+u_2x^2+u_3x$	$x_{u_1}=\sqrt{u_1}$, $x_{u_2}=\sqrt[3]{u_2}$, $x_{u_3}=\sqrt[4]{u_3}$
蝴蝶突变	4	$F(x)=x^6+u_1x^4+u_2x^3+u_3x^2$ $+u_4x$	$x_{u_1}=\sqrt{u_1},x_{u_2}=\sqrt[3]{u_2}$, $x_{u_3}=\sqrt[4]{u_3},x_{u_4}=\sqrt[5]{u_4}$

5.1.2 改进的突变评价法

大量研究实例表明，突变评价法与一般的综合评价方法相比，结果并不直观，各方案的综合评价值普遍较高，且差距很小，例如朱顺泉曾采用突变评价法评价了 10 个上市公司的资信程度，计算结果显示综合评价值集中在区间 [0.9189，0.9630][22]，均接近于 1 且差别小，不符合根据评价结果数值的大小来直观判断评价对象的优劣。为此，李邵飞等人提出了一种改进的突变评价法[23]，其步骤如下：

(1) 建立评价指标体系，并按照重要性对各层指标依次排序。

（2）对底层指标值进行标准量化处理，得到一组区间为［0，1］的初始隶属度值。标准量化公式见式（5－1）和式（5－2）：

对于正向指标，其标准化公式采用：

$$A_{ij}=\frac{x_{ij}-x_{\min}}{x_{\max}-x_{\min}} \tag{5-1}$$

对于负向指标，其标准化公式采用：

$$A_{ij}=\frac{x_{\max}-x_{ij}}{x_{\max}-x_{\min}} \tag{5-2}$$

（3）利用表5.1归一化公式，对底层指标的初始隶属度值进行递归运算，根据评价体系逐层结构，求出体系的突变综合评价值。

（4）基于给定的突变评价指标体系，假定所有底层指标的隶属度值均为 x_i（$Q=\frac{w_1}{W_1}+\frac{w_2}{W_2}+\cdots+\frac{w_n}{W_n}=1,2,\cdots,n$，且 $x_i\in[0,1]$）时，逐层递归运算，求出对应总突变隶属度 y_i，根据各计算值，拟合 $y=ax^b$ 的函数关系式，其中 y 为总突变隶属度。

（5）将步骤（3）计算的突变综合评价值代入步骤（4）拟合的 $y=ax^b$ 函数关系式，得到改进后的突变评价值。

5.2　施工期突发环境风险评价体系与标准

5.2.1　评价指标体系构建

结合大中型水电工程特点，遵循实用性、全面性、可操作性、数据可获取性等原则，按照风险管理控制程序从风险源危险度、环境风险受体、风险控制水平、风险应急响应四个方面构建大中型水电工程施工期突发环境风险评估体系。

风险源危险度是环境突发事件发生的先决条件，也是企业环境风险的最主要影响因素，体现了企业风险源属性，选用风险物质存量和生产工艺两个指标；环境风险受体重点考虑突发环境风险对周边人员和下游河流水环境风险受体的影响情况，选用周边人口影响数量和下游河流水环境风险受体影响程度两个指标；风险控制水平主要是评价突发环境风险控制和应急措施准备情况，以及废水处理方式和排放去向，同时鉴于安全生产事故引发的突发环境事故较多，也评价安全生产控制情况，选用风险防控与应急措施、废水排放去向、安全生产控制三个指标；风险应急响应主要是考虑企业应急风险管理水平，选用企业应急预案，企业管理制度，应急资源完备度三个指标。依据突变评价法基本原理，按照重要性由高到底的顺序依次排列各层指标，指标体系包含3个层次共10项指标，见表5.2。

表 5.2　大中型水电工程施工期突发环境风险评估指标体系

目标层	准则层	指标层	指标解释
大中型水电工程施工期突发环境风险 A	风险源危险度 B_1	风险物质存量 C_{11}	风险物质最大存在量与临界值比例
		生产工艺 C_{12}	企业生产工艺过程含有风险工艺和设备情况
	环境风险受体 B_2	周边人口影响数量 C_{21}	对企业周边居民区、医疗卫生机构、文化教育机构、科研单位、行政机关、企事业单位等人口影响
		下游河流水环境风险受体影响程度 C_{22}	对下游河流水环境风险受体影响程度
	风险控制水平 B_3	风险防控与应急措施 C_{31}	每个风险单元所采取的水、大气等环境风险防控措施以及环评及其批复的其他风险防控措施落实情况等
		废水排放去向 C_{32}	企业雨排水、清净下水、经处理后的生产废水处理方式和排放去向
		安全生产控制 C_{33}	企业现有安全生产管理情况，主要包括消防验收、安全生产许可、危险化学品安全评价及备案
	风险应急响应 B_4	企业应急预案 C_{41}	突发环境事件管理和应急的完善度
		企业管理制度 C_{42}	企业管理体系的规范性和完善性
		应急资源完备度 C_{43}	企业突发事故预防应急响应的完善程度

由表 5.2 可以看出，该评价体系涉及表 5.1 的三种突变模型，如目标层 A 和准则层 B_1、B_2、B_3、B_4 构成蝴蝶突变模型，准则层 B_3 和指标层 C_{31}、C_{32}、C_{33} 构成燕尾突变模型，准则层 B_2 和指标层 C_{21}、C_{22} 构成尖点突变模型。

5.2.2　评价指标评分标准

参考《企业突发环境事件风险评估指南（试行）》（以下简称《指南》）和相关研究成果，定量和定性求出各指标赋分值，定量指标根据基础资料直接计算分级赋分，定性指标根据评分标准进行定量化赋分，其中风险物质存量 C_{11} 按式（5-3）计算，生产工艺 C_{12} 参考《指南》企业生产工艺评分标准（见表 5.3），风险防控与应急措施 C_{31} 参考《指南》企业环境风险控制与应急措施（见表 5.4）。各指标赋分标准见表 5.5。

$$Q=\frac{w_1}{W_1}+\frac{w_2}{W_2}+\cdots+\frac{w_n}{W_n} \tag{5-3}$$

式中：w_1，w_2，…，w_n——每种风险物质的存在量，t；

W_1，W_2，…，W_n——每种风险物质的临界量，t。

表 5.3　企业生产工艺评分表

评估依据	分值
涉及光气及光气化工艺、电解工艺（氯碱）、氯化工艺、硝化工艺、合成氨工艺、裂解（裂化）工艺、氟化工艺、加氢工艺、重氮化工艺、氧化工艺、过氧化工艺、胺基化工艺、磺化工艺、聚合工艺、烷基化工艺、新型煤化工工艺、电石生产工艺、偶氮化工艺	10/每套
其他高温或高压、涉及易燃易爆等物质的工艺过程	5/每套
具有国家规定限期淘汰的工艺名录和设备	5/每套
不涉及以上危险工艺过程或国家规定的禁用工艺和设备	0

表 5.4　企业环境风险防控与应急措施

评估指标	评估依据	分值
截流措施	①各个环境风险单元设防渗漏、防腐蚀、防淋溶、防流失措施，设防初期雨水、泄漏物、受污染的消防水（溢）流入雨水和清净下水系统的导流围挡收集措施（如防火堤、围堰等），且相关措施符合设计规范； ②装置围堰与罐区防火堤（围堰）外设排水切换阀，正常情况下通向雨水系统的阀门关闭，通向事故存液池、应急事故水池、清净下水排放缓冲池或污水处理系统的阀门打开； ③前述措施日常管理及维护良好，有专人负责阀门切换，保证初期雨水、泄漏物和受污染的消防水排入污水系统	0
	有任意一个环境风险单元的截流措施不符合上述任意一条要求的	8
事故排水收集措施	①按相关设计规范设置应急事故水池、事故存液池或清净下水排放缓冲池等事故排水收集设施，并根据下游环境风险受体敏感程度和易发生极端天气情况，设置事故排水收集设施的容量； ②事故存液池、应急事故水池、清净下水排放缓冲池等事故排水收集设施位置合理，能自流式或确保事故状态下顺利收集泄漏物和消防水，日常保持足够的事故排水缓冲容量； ③设抽水设施，并与污水管线连接，能将所收集物送至厂区内污水处理设施处理	0
	有任意一个环境风险单元的事故排水收集措施不符合上述任意一条要求的	8
清净下水系统防控措施	①不涉及清净下水。 ②厂区内清净下水均进入废水处理系统；或清污分流，且清净下水系统具有下述所有措施： a. 具有收集受污染的清净下水、初期雨水和消防水功能的清净下水排放缓冲池（或雨水收集池），池内日常保持足够的事故排水缓冲容量；池内设有提升设施，能将所集物送至厂区内污水处理设施处理。 b. 具有清净下水系统（或排入雨水系统）的总排口监视及关闭设施，有专人负责在紧急情况下关闭清净下水总排口，防止受污染的雨水、清净下水、消防水和泄漏物进入外环境	0
	涉及清净下水，有任意一个环境风险单元的清净下水系统防控措施但不符合上述②要求的	8

续表5.4

评估指标	评估依据	分值
雨排水系统防控措施	厂区内雨水均进入废水处理系统；或雨污分流，且雨排水系统具有下述所有措施： ①具有收集初期雨水的收集池或雨水监控池；池出水管上设置切断阀，正常情况下阀门关闭，防止受污染的水外排；池内设有提升设施，能将所集物送至厂区内污水处理设施处理。 ②具有雨水系统外排总排口（含泄洪渠）监视及关闭设施，有专人负责在紧急情况下关闭雨水排口（含与清净下水共用一套排水系统情况），防止雨水、消防水和泄漏物进入外环境。 ③如果有排洪沟，排洪沟不通过生产区和罐区，具有防止泄漏物和受污染的消防水流入区域排洪沟的措施	0
	不符合上述要求的	8
生产废水处理系统防控措施	①无生产废水产生或外排。 ②有废水产生或外排时： a. 受污染的循环冷却水、雨水、消防水等排入生产污水系统或独立处理系统； b. 生产废水排放前设监控池，能够将不合格废水送废水处理设施重新处理； c. 如企业受污染的清净下水或雨水进入废水处理系统处理，则废水处理系统应设置事故水缓冲设施； d. 具有生产废水总排口监视及关闭设施，有专人负责启闭，确保泄漏物、受污染的消防水、不合格废水不排出厂外	0
	涉及废水产生或外排，但不符合上述②中任意一条要求的	
毒性气体泄漏紧急处置装置	①不涉及有毒有害气体的； ②根据实际情况，具有针对有毒有害气体（如硫化氢、氰化氢、氯化氢、光气、氯气、氨气、苯等）的泄漏紧急处置措施	0
	不具备有毒有害气体泄漏紧急处置装置的	8
毒性气体泄漏监控预警措施	①不涉及有毒有害气体的； ②根据实际情况，具有针对有毒有害气体（如硫化氢、氰化氢、氯化氢、光气、氯气、氨气、苯等）设置生产区域或厂界泄漏监控预警措施	0
	不具备生产区域或厂界有毒有害气体泄漏监控预警措施的	4
环评及批复的其他风险防控措施落实情况	按环评及批复文件的要求落实的其他建设环境风险防控设施的	0
	未落实环评及批复文件中其他环境风险防控设施要求的	10

表5.5　指标赋分标准

指标	赋分值标准			
	1	2	3	4
C_{11}	>100	(10，100]	(1，10]	≤1
C_{12}	>20	(15，20]	(8，15]	≤8

续表5.5

指标	赋分值标准			
	1	2	3	4
C_{21}	企业5km范围内影响人数5万人以上，或500m范围内1000人以上	企业5km范围内影响人数1万人以上、5万人以下，或500m范围内500人以上、1000人以下	企业5km范围内影响人数1万人以下，或500m范围内500人以下	—
C_{22}	①废水排入受纳水体后24小时流经范围内涉及跨国界的。②排放口下游10km流经范围内有以下之一环境风险受体的：集中式地表水、地下水饮用水水源保护区（一级、二级和准保护区）；农村及分散式饮用水水源保护区	①下游10km流经范围内涉及跨省界的；②排放口下游10km流经范围内有生态保护红线划定的或具有水生态服务功能的其他水生态环境敏感区和脆弱区；③企业位于岩溶地貌、泄洪区、泥石流多发等地区	不涉及标准1和标准2	—
C_{31}	>40	(40，30]	(30，15]	≤15
C_{32}	直接外排进入干流	暂存待处理	进入污水处理厂处理或回用	无生产废水产生或无外排
C_{33}	消防验收、安全生产许可、危险化学品安全评价、危险化学品重大危险源备案四项全部未完成	消防验收、安全生产许可、危险化学品安全评价、危险化学品重大危险源备案有三项未完成	消防验收、安全生产许可、危险化学品安全评价、危险化学品重大危险源备案有两项未完成	消防验收、安全生产许可、危险化学品安全评价、危险化学品重大危险源备案有一项及以下未完成
C_{41}	应急预案与环评皆无	只有环评	只有应急预案	应急预案与环评均有
C_{42}	不全面	全面但不切实际	全面合理但没有认真执行	全面合理且有效执行
C_{43}	无	有部分应急物资	有应急物资和应急力量（如消防、医疗等）	有应对重大突发事故的应急物资和应急力量

5.2.3　构建拟合函数关系式

根据表5.2大中型水电工程施工期突发环境风险评估指标体系结构，假定所有底层隶属度值为x，x值分别取0，0.1，0.2，0.3，0.4，0.5，0.6，0.7，0.8，0.9，1.0，同时在[0，0.1]加密，分别取0.01，0.025，0.04，0.05，0.075。根据表5.1突变评价法公式求得与x_i对应的突变综合评价值y_i，计算结果见表5.6。

表 5.6　底层指标隶属度 x 与相应的突变综合评价值 y

底层指标隶属度 x	0	0.01	0.025	0.04	0.05	0.075	0.1	0.2
突变综合评价值 y	0	0.587	0.647	0.682	0.699	0.732	0.756	0.820
底层指标隶属度 x	0.3	0.4	0.5	0.6	0.7	0.8	0.9	1
突变综合评价值 y	0.861	0.892	0.917	0.938	0.956	0.972	0.987	1

底层指标隶属度 x 与相应的突变综合评价值 y 拟合函数为

$$y = 0.9949x^{0.1168} \tag{5-4}$$

相关系数 $R^2=0.9993>0.99$，拟合效果较好，拟合曲线见图 5.2。为此，可根据式（5−4）转为具有明显优劣的底层指标 x 值。

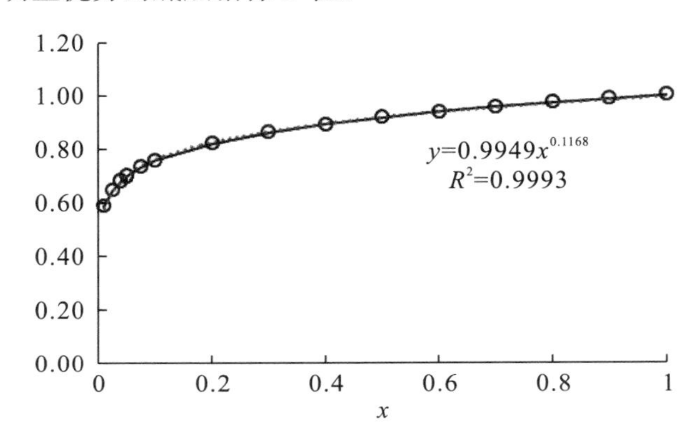

图 5.2　底层指标隶属度 x 与相应的突变综合评价值 y 拟合曲线

5.2.4　环境风险等级划分

参考《指南》评定等级，将环境风险等级依次划分为一般环境风险（Ⅲ级）、较大环境风险（Ⅱ级）和重大环境风险（Ⅰ级）3 个等级[20]。风险等级划分标准见表 5.7。

表 5.7　底层指标隶属度 x 的等级划分标准

底层指标隶属度 x	0～0.3	0.3～0.6	0.6～1
风险等级	Ⅲ级	Ⅱ级	Ⅰ级

对于下设位置毗邻的多个独立环境风险分部工程，可按分部工程分别评估风险等级，以等级高者确定大中型水电工程突发环境事件风险等级，也可分别表征为大中型水电工程（某分部工程）突发环境事件风险等级。若多个独立分部工程距离较远，分别评估确定各自风险等级，表征为大中型水电工程（某分部工程）突发环境事件风险等级。

5.3　实例分析

以乌东德水电站为例，开展大中型水电工程施工期突发环境风险评估。

5.3.1 乌东德水电站施工期环境风险物质分析

5.3.1.1 施工期环境风险源分析

根据《金沙江乌东德水电站工程环境影响报告书》、工程相关设计文件以及施工现场实际情况，施工期环境风险主要包括污废水事故排放风险、油库和加油站事故风险、液氨泄漏风险，见表5.8。

表5.8　乌东德水电站施工期环境危险源一览

序号	环境要素	环境危险源（环境危害因素）	发生区域	发生时间	可能的事故、后果
1	水环境	生活污水厂污水直排	污水厂出水口	非正常工况	污染局部区域
		砂石系统废水直排	处理系统出水口	非正常工况	污染局部区域
		油库溢油	永久油库和加油站	突发事故	污染金沙江
		液氨泄漏	混凝土生产系统	突发事故	污染水体
2	大气环境	液氨泄漏	混凝土生产系统	突发事故	大气污染，人身伤害

5.3.1.2 环境风险物质识别

1）生产废水及生活污水

工程建设及运行期间将产生一定的污废水，包括生产废水和生活污水，施工期废水以砂石料加工系统冲洗废水量最大，按设计方案，砂石料加工系统冲洗废水处理后回用于砂石料系统，混凝土拌和系统冲洗废水处理后回用于场地冲洗，生活污水处理达标后中水尽量回收用于绿化养护，多余部分可排放金沙江。施工区主要生活污水处理实施有8处，生活污水处理规模12～1080m^3/d，规模较小，根据施工区环境监测报告，生活污水污染物浓度低，主要污染物是有机质和氮磷。

主体工程设置2座大中型砂石加工系统，两系统量合计1626m^3/h（0.45m^3/s），主要污染物质是SS，砂石加工系统事故排放下SS浓度为50000mg/L。若因机械故障等原因造成砂石料加工废水直排金沙江，局域SS会升高，对金沙江水体会造成一定范围的污染。由于金沙江水量大（年平均流量3850m^3/s），直排污水数量较小（各系统废水总排放量为0.225m^3/s，若直排金沙江，占金沙江流量的万分之一），造成的水环境污染范围很小。

2）油料

施工区设1处油库，乌东德水电站永久油库是工程配套油库设施，主要为电站施工期间场内工程机械用油。乌东德油库正常安全存储量为柴油1275t，日常存储柴油800t，汽油30t。

3）液氨

乌东德水电站设有850混凝土拌和系统、880混凝土拌和系统和970混凝土拌和系统（以下简称850系统、880系统、970系统），分别位于坝址上游左岸和下游左岸、右岸靠江侧，系统存储一定数量的液氨用作制冷系统的冷媒。

850 系统制冷楼存储液氨 21t，一次风冷储存液氨 20t；880 系统存储液氨 18.6t；970 系统一冷车间存储液氨 49.7t，二冷车间存储液氨 57.86t。

液氨泄露会造成较为严重的大气污染，甚至人身伤害，并且液氨泄露后容易融入水中，随水进入金沙江，造成一定的水环境污染。

按《物质危险性标准》、《重大危险源辨别》（GB 18218—2000）、《职业性接触毒物危害程度分级》（GB 50844—85）的相关规定，以及大中型水电工程施工物资种类特点，工程涉及的危险性物质主要为柴油、汽油和液氨。

5.3.1.3 突发环境事件情景分析

1）油库油料泄漏及爆炸

储罐、管线、法兰等发生开裂，卸发油时管线脱落；操作失误引起油品从罐顶溢出；因泄漏及雷击而产生火灾、爆炸，将可能引起人员中毒、污染大气环境和金沙江地表水环境及土壤，甚至发生人员伤亡。

2）液氨泄漏和爆炸

因操作错误、管理不到位、设计制造安装不合理引起压缩机缸盖密封垫片打穿甚至气缸爆裂、制冷系统压力升高致管道爆裂、液面指示器玻璃破裂使大量液氨泄漏，均会造成周边大气环境和地表水环境受到污染、人员严重不适或中毒；若因液氨引起爆炸，将造成大气环境严重污染及人员伤亡。

5.3.1.4 突变综合评价法计算

按照表 5.3 和《指南》关于企业生产工艺评分标准、风险防控与应急措施评分标准对油库、850 系统、880 系统以及 970 系统进行评分赋值，见表 5.9 和表 5.10。

表 5.9 风险评估指标计算说明

指标	油库	850 系统	880 系统	970 系统
C_{11}	0.332	8.2	3.72	21.51
C_{12}	0	0	0	0
C_{21}	1km 范围内机电营地，人口约 2000 人	3km 范围内金坪子营地，人口约 6000 人	2km 范围内为大坝施工场地，施工人员 300 人	2km 范围内金坪子营地，人口约 6000 人
C_{22}	下游 12km 范围内一处鱼类增殖放流站取水口	下游 5km 范围内一处鱼类增殖放流站取水口	下游 8km 范围内一处鱼类增殖放流站取水口	下游 6km 范围内一处鱼类增殖放流站取水口
C_{31}	各类措施完善，计 0 分	截流措施、事故废水收集措施不完善，各 8 分，共计 16 分	截流措施、事故废水收集措施不完善，各 8 分，共计 16 分	截流措施、事故废水收集措施不完善，各 8 分，共计 16 分
C_{32}	污水接入就近海子尾巴污水处理站处理	现场设有沉淀池，暂存待处理	现场设有沉淀池，暂存待处理	现场设有沉淀池，暂存待处理

续表5.9

指标	油库	850系统	880系统	970系统
C_{33}	消防验收、安全生产许可、危险化学品安全评价、危险化学品重大危险源备案等全部完成	危险化学品重大危险源备案等未完成	危险化学品重大危险源备案等未完成	消防验收、安全生产许可、危险化学品安全评价、危险化学品重大危险源备案等全部完成
C_{41}	应急预案和环评均有	应急预案和环评均有	应急预案和环评均有	应急预案尚未备案，环评有
C_{42}	制度全面，现场人员熟悉	制度全面，但现场人员不熟悉	制度全面，但现场人员不熟悉	制度全面，但现场人员不熟悉
C_{43}	坝区设有医院和消防队伍，应急物资储备齐全	坝区设有医院和消防队伍，应急物资储备齐全	坝区设有医院和消防队伍，应急物资储备齐全	坝区设有医院和消防队伍，有部分应急物资

表5.10　风险评估指标赋分值

指标	永久油库	850系统	880系统	970系统
C_{11}	4	3	3	2
C_{12}	4	4	4	4
C_{21}	3	3	4	3
C_{22}	3	2	2	2
C_{31}	4	3	3	3
C_{32}	3	2	2	2
C_{33}	4	3	3	4
C_{41}	4	4	4	2
C_{42}	4	3	3	3
C_{43}	3	3	3	2

利用式（5－1）和式（5－2），将表5.10数据进行标准化，结果见表5.11。

表5.11　评价指标标准化数据

指标	永久油库	850系统	880系统	970系统
C_{11}	0	0.5	0.5	1
C_{12}	0	0	0	0
C_{21}	1	1	0	1
C_{22}	0	1	1	1
C_{31}	0	1	1	1
C_{32}	0	1	1	1
C_{33}	0	1	1	0

续表5.11

指标	永久油库	850 系统	880 系统	970 系统
C_{41}	0	0	0	1
C_{42}	0	1	1	1
C_{43}	0	0	0	1

根据表 5.11，以 970 系统为例，突变综合评价值计算过程如下：

C_{11}、C_{12}构成尖点突变，根据归一化公式计算有：

$$x_{C_{11}} = 1^{0.25} = 1; \quad x_{C_{12}} = 0^{\frac{1}{3}} = 0;$$

$$B_1 = (x_{C_{11}} + x_{C_{12}})/2 = 0.5$$

同理 $C_{21} \sim C_{22}$构成尖点突变，$C_{31} \sim C_{33}$，$C_{41} \sim C_{43}$构成燕尾突变，根据归一化公式计算有：

$$x_{C_{21}} = 1^{0.25} = 1; \quad x_{C_{22}} = 1^{\frac{1}{3}} = 1;$$

$$B_2 = (x_{C_{21}} + x_{C_{22}})/2 = 1;$$

$$x_{C_{31}} = 1^{0.25} = 1; \quad x_{C_{32}} = 1^{\frac{1}{3}} = 1; \quad x_{C_{33}} = 0^{\frac{1}{3}} = 0;$$

$$B_3 = (x_{C_{31}} + x_{C_{32}} + x_{C_{33}})/3 = 0.67;$$

$$x_{C_{41}} = 1^{0.25} = 1; \quad x_{C_{42}} = 1^{\frac{1}{3}} = 1; \quad x_{C_{43}} = 1^{\frac{1}{3}} = 1;$$

$$B_4 = (x_{C_{41}} + x_{C_{42}} + x_{C_{43}})/3 = 1$$

准则层 $B_1 \sim B_4$构成蝴蝶突变，由此可得到 970 系统突变综合评价值：

$$y = (B_1^{1/2} + B_2^{1/3} + B_3^{1/4} + B_4^{1/5})/4 = 0.9027$$

利用拟合函数公式（5-4）计算改进突变评价值 x=0.4348。

同理计算油库、850 系统、880 系统改进突变评价值，改进前和改进后评价值见表 5.12，前后对比见图 5.3。

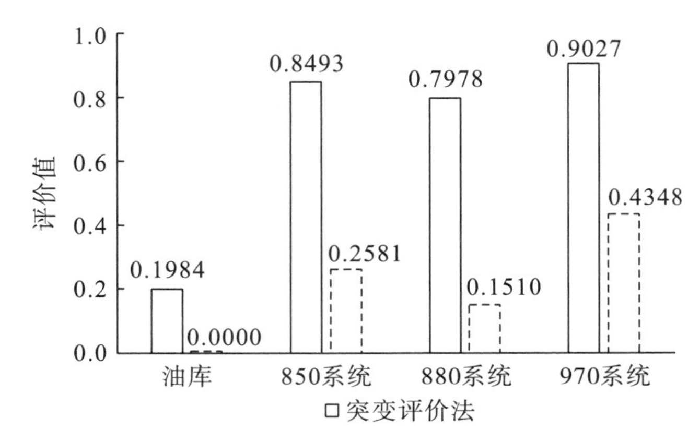

图 5.3 改进前和改进后评价值对比情况

同时按照《指南》评价方法计算上述 4 个系统环境风险（Q 为企业风险物质最大存量与临界值的比值，E 为环境风险受体敏感性类型，M 为生产环境风险控制水平），计算结果见表 5.12。

表 5.12　环境风险评价计算结果

指标	油库	850 系统	880 系统	970 系统
突变评价法	0.1984	0.8493	0.7978	0.9027
改进的突变评价法	0.0000	0.2581	0.1510	0.4348
本文风险等级	一般	一般	一般	较大
《指南》等级	一般	一般	一般	较大
	($Q<1$)	(Q1M1E2)	(Q1M1E2)	(Q2M1E2)

5.3.2　评估结果分析与讨论

（1）油库、850 系统、880 系统环境风险等级为一般环境风险（Ⅲ级），970 系统为较大环境风险（Ⅱ级），从电站整体上看，以等级高者确定为电站突发环境事件风险等级，由此判断乌东德水电站突发环境风险为较大环境风险（Ⅱ级），但是从电站自身管理来看，由于四个系统距离较远，在进行环境风险应急管理时，应加强 970 混凝土拌和系统环境风险日常管理。

（2）从 970 系统环境风险评价过程来看，其风险物质液氨最大存在量与临界值比例高达 21.51 倍，同时根据现场调查，其截流措施、事故废水收集措施由于场地狭小还不完善，此外由于人员流动等原因，现场人员对已建立的制度并不完全了解，已编制的应急预案还未评审备案，部分应急设施还在采购中，为此运行单位应加强液氨的安全管理，同时尽快修复截流措施、事故废水收集措施，开展人员交底培训，加快应急物资采购，同时根据国家相关要求开展应急预案的评审和备案。

（3）由表 5.10 和图 5.3 可以看出，改进前 850 系统、880 系统、970 系统突变评价值分别为 0.8493、0.7978、0.9027，评价值普遍过高，无法直观评价三个系统突发环境风险等级；改进后的突变评价值分别为 0.2581、0.1510、0.4348，能真实地反映各系统的突发环境风险等级和差距。

（4）为论证突变评价法在本研究中的可靠性，采用《指南》评价方法，油库、850 系统、880 系统、970 系统评价结果与改进的突变评价法突发环境风险等级结果一致。

思考与练习题

（1）突变评价法的基本原理是什么？突变评价法开展突发环境风险评估，相比 AHP—模糊评价法，有哪些优点？

（2）大中型水电工程的环境风险物质主要有哪些？其主要来源是什么？

（3）基于改进的突变评价法较环境保护部发布的《指南》评判标准相比，有哪些优点？

（4）本文重点针对建设期的大中型水电工程提出了突发环境风险评估，请尝试用本文方法开展运行期大中型水电工程突发环境风险评估。

第6章 水电工程环境效益正外部性分析

任何事物都具有两面性，水电工程环境效益既有负的一面，也有正的一面。负效益主要是指工程对环境产生的负面影响，例如蓄水后改变了河道水文情势，对河流水生生态产生的不利影响。正效益是工程建设和运行对环境产生的正面影响，例如水库蓄水后，可改善当地的环境小气候条件。当今社会，人们往往片面夸大了水电工程的负效益，而忽略其正效益，这一定程度上制约了水电工程的核准进程，引起社会舆论的误解。水电工程正环境效益涉及生态、经济、社会等各个方面，主要分为直接效益和间接效益。其中，直接效益主要包括改善库区环境、节能减排、拦沙等；间接效益主要为社会效益，包括促进地方经济和库区旅游业发展、防洪减灾以及库区航运等。

“外部性”是一个经济学概念，Samuleson 定义外部性是一个主体（如项目或行动）对他人产生的意想不到的成本或收益，而这种成本或收益并没有从货币或市场交易中反映[24]，辨别项目外部性的标准是分析是否在没有支付的情况下获得任何收益，或者是否在没有补偿的情况下消耗了任何成本，正外部性对应于额外收益，负外部性对应于额外成本。水电工程环境效益具有较典型的外部性，其对环境的改善可以被周边居民等利益相关方享有，利益享有者不用分摊为此投资的费用，水电开发方也未从中获取补偿利益[25]。Xia（2020）系统开展水电工程正外部性研究，基于生命周期评估方法和水电外部性经济价值评估，建立了水电项目外部性分析框架，并应用到三峡工程和溪洛渡水电站评估中。目前我国学者也开展了城市交通、铁路项目、农业、电力等方面正外部性研究，但对水电工程环境效益的正外部性研究还相对较少。本书与以往开展综合环境效益研究不同，重点从水电工程环境效益正外部性角度，分析水电工程给水电开发企业以外的利益相关方带来的环境效益，以使管理者和公众以更客观的态度评价水电工程对环境的影响，加强对水电工程的认识和了解，以利于电站的及时核准决策和工程建设的顺利推进。

6.1 水电工程环境效益正外部性指标及重要性等级评估

6.1.1 环境效益识别与分类

环境效益的识别采用提名法，分三步进行：①以“中国知网”“万方数据知识服务平台”等数据库为基础检索平台，以“水电工程”“水利工程”“环境效益”“环境影响”

“经济损益”等为关键词，搜索相关资料文献，从中筛选出关联性较强的文献作为环境效益识别的基础数据库（本书检索了30篇文献）；②应用提名法对环境效益要素进行筛选甄别，根据专家访谈和文献调查，列出环境效益的初选清单，再统计基础数据库文献中各个环境效益要素出现的次数和频次；③分析各个环境效益要素属性，开展归并与分类。

6.1.1.1　环境效益识别

根据《环境影响评价技术导则水利水电工程》（HJ/T 88），环境影响经济效益应包括由于工程的有利环境影响取得的社会、经济、环境效益，由此可见水电工程环境效益指标涵盖社会、经济、环境等方面。本书电话咨询访问了35位专家，专家信息见表6.1，在专家访谈和文献分析的基础上初步选出涉及社会、经济、环境的17个环境效益指标。

表6.1　访谈专家信息统计

行业	人数	职称		
		教授级高级工程师	高级工程师	工程师
建设单位	10	3	5	2
设计单位	10	4	5	1
环评单位	8	4	3	1
政府环保部门	2	0	1	1
环境监理	5	1	2	2
总数	35	12	16	7

采用提名法统计各个环境效益指标在30篇文献基础数据库中出现的数目，即提名次数，统计提名结果见表6.2。

表6.2　环境效益出现频次及频率

序号	环境效益	出现频次	出现频率（%）
1	防洪效益	20	66.7
2	供水效益	15	50.0
3	水产效益	14	46.7
4	旅游效益	14	46.7
5	灌溉效益	13	43.3
6	发电效益（替代火电）	12	40.0
7	局地气候调节效益	12	40.0
8	节能减排效益	11	36.7
9	航运效益	9	30.0
10	改善水质效益	9	30.0

续表6.2

序号	环境效益	出现频次	出现频率（%）
11	景观效益	9	30.0
12	水土保持效益	9	30.0
13	带动地方发展效益	8	26.7
14	人工湿地效益	5	16.7
15	土地增值效益	4	13.3
16	人群健康效益	3	10.0
17	拦沙效益	2	6.7

表6.2表明，防洪、供水、水产、旅游、灌溉、发电效益（替代火电）、局地气候调节效益等环境效益出现频率（>40%）较高，这与水利水电工程主要的开发目的基本一致，也符合直观经验判断。节能减排、航运、改善水质、景观、水土保持、带动地方发展等环境效益出现频率（20%～40%）相对较低，这体现了不同水利水电工程开发目的的差异性。人工湿地、土地增值、人群健康、拦沙等环境效益出现频率（<20%）较低，表明其不是人们关注的重点或者未引起相关方重视，或属于特殊功能，普遍性不强。因此可以看出，当前水利水电工程环境效益关注点主要集中在防洪、供水等公众较为了解和关注的效益，其他环境效益未能得到公众的同等重视，也支持本书开展水电工程环境效益正外部性分析的必要性。需要说明的是，由于水利工程和水电工程往往只是开发目的侧重点不同，但对环境的影响基本一致，为更加全面了解水电工程环境效益，本书环境效益的识别对象采用水利水电工程。

6.1.1.2　环境效益的归并与分类

根据水电工程特点，部分环境效益具有相近的属性，存在交叉重叠，为此需合并归类。其中，灌溉效益属于供水效益的农业用途，水质改善后可降低库区生产或生活水厂的处理成本，灌溉效益、改善水质效益归并成供水效益；人工湿地、局地气候调剂与水土保持涵水、固土、造氧等功能作用一致，归并至水土保持效益；景观效益带来了旅游效益，两者合并成旅游效益；土地增值、人群健康属于公共事业范畴，可归并至带动地方发展效益。

同时根据各效益的属性不同，将供水效益、航运效益、水产效益、发电效益（替代火电）归属为资源效益；水土保持效益、节能减排效益、拦沙效益归属为生态效益；防洪效益、带动地方发展效益、旅游效益归属为社会效益，见表6.3。

表6.3　环境效益归并与分类

效益分类	效益指标
资源效益	供水效益、航运效益、水产效益、发电效益（替代火电）
生态效益	节能减排效益、水土保持效益
社会效益	防洪效益、带动地方发展效益、旅游效益、拦沙效益

6.1.2　环境效益正外部性分析

6.1.2.1　资源效益分析

供水效益是指水库蓄水后抬升库区水位，降低库区取水泵站抽水扬程和抽水费用，减少了河流季节性变化对水位的影响，保证了取水的稳定性和均衡性，对于有灌溉功能的水库，可使农作物产量大幅提升，增加农民收入。而水电开发企业未能从中获取任何收益（水电站施工区取水泵站除外），因此供水效益属正外部性。

航运效益指水库蓄水后，库区河道水位上升、流速减小，改善了库区航运条件，进一步提升运输（包括客运与货运）效率的效益，此外国内部分水电工程还修建升船机或者船闸，以便船舶顺利过坝。通常情况下，水电开发企业履行社会责任，免费开放通过，并未收取过坝运行费用，因此，航运效益属正外部性。由于水运属于交通运输资源的一种，将航运效益纳入资源效益。

水产效益指水库蓄水后增加水产养殖面积，提高水产品的产量，促进水产养殖业的发展。目前，我国对水库管理尚未制定明确的法律法规要求，对于由水电开发企业管理的水库，其通过自主经营或者对外承包等形式直接或者间接从水产养殖业务中获取经济效益，水产效益不属于正外部性。对于由地方政府管理的水库，水电开发企业未从中获取利益，此时水产效益属于正外部性。

发电效益（替代火电）指水电属于可再生资源，工程发电后可替代火力发电所需煤炭，节约社会资源，水电开发企业不获取利益，属正外部性。若发电企业在其中获得了收益，则不属于正外部性。

6.1.2.2　生态效益分析

节能减排效益指水电属于清洁能源，可减少 CO_2 和 SO_2 的排放，有利于减少大气污染，水电开发企业未从中获取利益，节能减排效益属正外部性。

水土保持效益是指在建设区生态环境恢复措施得到实施后，一方面能控制水土流失，有效防治土壤被雨水、径流冲刷，保护水土资源，在很大程度上减轻和改善了当地的水土流失现状，具有较好水土保持和生态建设作用。另一方面，在实施生态修复措施后，荒地减少，林草地增多，改善了局地小气候和生态景观环境。水电开发企业未从中获取利益，水土保持效益属正外部性。

6.1.2.3　社会效益

防洪效益是指水电工程汛期利用防洪库容调节洪峰流量，减小洪水对下游的影响，下游居民和企业因此减免了损失而受益，水电开发企业未从中受益，有时候甚至提前减小库容，牺牲发电受益，因此，防洪效益属正外部性。

带动地方发展效益是指水电工程的规划建设有效改善当地的交通条件，为当地的水泥、粉煤灰、钢材、机电设备等产品带来极好的市场前景，带动该地区其他资源的开发和相关产业的发展，同时增加就业机会和当地税收，提高当地居民生活水平，加速其经济、文化、卫生事业的发展，但水电项目开发企业未从地区发展中获取实质性收益，因此，带动地方发展效益属正外部性。

旅游效益分为直接旅游效益和间接旅游效益。直接旅游效益是指水电工程由于其水工建筑物的宏伟和高峡平湖的美景而吸引游客产生的门票收益，此时水电开发企业获得了效益，因此不属正外部性；间接效益是水库蓄水后形成的人工湖泊和河岸美景，以及水面通航后更方便到达库区景点，间接带动当地餐饮、住宿等相关产业的发展，促动地方经济，此时水电开发企业未从中获取利益，属正外部性。

拦沙效益是利用水库库容拦挡泥沙，有效降低下游泥沙含量，改善水库水质，同时延长电站下游水库的使用寿命，有利于减小下游港口和码头的淤积。水电开发企业未从中获取利益，拦沙效益属正外部性。

6.1.3 评估体系建立

根据上述分析，构建水电工程环境效益正外部性评估体系，见图 6.1。该体系分三层，自上而下分别为目标层、分类层、指标层，其中水电工程环境效益正外部性为目标层，资源效益、生态效益、社会效益为分类层，供水效益、节能减排效益、防洪效益等为指标层。

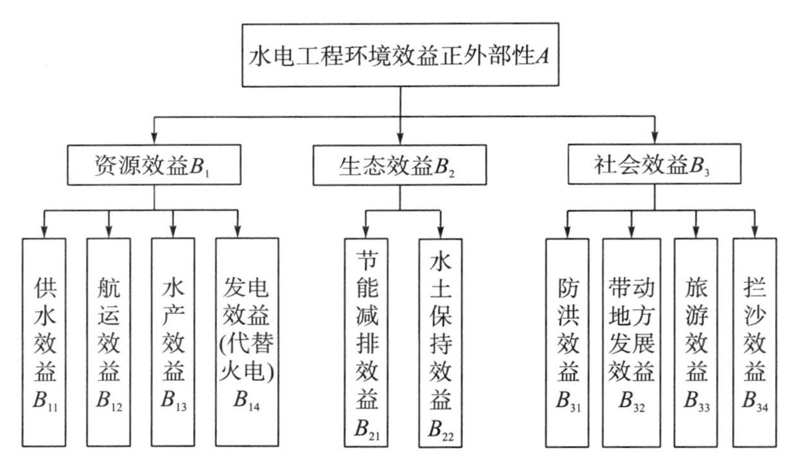

图 6.1 水电工程环境效益正外部性评估体系

6.1.4 重要等级评价

6.1.4.1 重要等级分类标准

重要等级评价是通过计算不同环境效益指标在总环境效益中的比重，以此评判其重要程度，等级划分标准见表 6.4。

表 6.4 重要程度等级划分标准

比重	(0.1，1]	(0.05，0.1]	(0.01，0.05]	(0.001，0.01]	(0，0.001]
重要等级	非常重要	很重要	重要	一般重要	不重要

6.1.4.2 基于客观法的重要等级评价

依据环境效益正外部性测算结果计算不同效益指标在总效益中所占比重，以此判定

其重要性[26]，计算公式为

$$\omega_i^{(1)} = \frac{|B_i|}{\sum_{i=1}^{n} |B_i|} \tag{6-1}$$

式中：$\omega_i^{(1)}$ 为不同效益指标在总环境效益中所占比重；B_i 为第 i 个环境效益指标正外部性测算值。

6.1.4.3　基于主观法的重要等级评价

主观法是基于评价者依据水电工程的特点和专业知识经验进行的主观判断，在一定程度上反映不同环境效益指标相对符合实际的重要性。本节采用序关系法（G1 法）确定环境效益指标比重，以此判定其重要性。

1）G1 法计算方法及步骤

若评价指标 x_1，x_2，…，x_m 之间相对于某评价准则具有关系式

$$x_1^* > x_2^* > \cdots > x_m^* \tag{6-2}$$

则称评价指标 x_1，x_2，…，x_m 之间确立了“$>$”序关系，将 $\{x_i\}$ 按“$\omega_i^{(1)}$”序关系排定后的第 i 个评价指标表示为 x_i^*，$i=1, 2, \cdots, m$。

评价指标集 $\{x_1, x_2, \cdots, x_m\}$ 可按下列步骤建立序关系：

第一步，决策者在指标集 $\{x_1, x_2, \cdots, x_m\}$ 中，选出最重要指标，记为 x_1^*；在余下 $m-1$ 个指标中按同样标准选出下一个最重要指标，记为 x_2^*；以此类推，在余下 $m-(k-1)$ 个指标中，按同样标准选出最重要指标，记为 x_k^*；经过 $m-1$ 次挑选后，剩下的评价指标记为 x_m^*。

第二步，开展 x_{k-1}^* 和 x_k^* 之间相对重要程度比较计算，参考标准如下：

$$\omega_{k-1}^{(2)}/\omega_k^{(2)} = r_k, \quad k = m, m-1, \cdots, 2 \tag{6-3}$$

r_k 的赋值可参考表 6.5。

表 6.5　r_k 赋值参考

r_k	说明
1.0	指标 x_{k-1} 与指标 x_k 有相同重要性
1.2	指标 x_{k-1} 与指标 x_k 稍微重要
1.4	指标 x_{k-1} 与指标 x_k 明显重要
1.6	指标 x_{k-1} 与指标 x_k 强烈重要
1.8	指标 x_{k-1} 与指标 x_k 极端重要

第三步，通过式（6－2）和式（6－3）计算出 $\omega_m^{(2)}$：

$$\omega_m^{(2)} = \left(1 + \sum_{k=2}^{m} \prod_{i=k}^{m} r_i\right)^{-1} \tag{6-4}$$

而

$$\omega_{k-1}^{(2)} = r_k \omega_k^{(2)}, \quad k = m, m-1, \cdots, 2 \tag{6-5}$$

2）环境效益指标比重计算

按照分层评价的原则，首先利用G1法判断目标层各环境效益指标在所属分类层体系中（资源效益、生态效益以及社会效益）的比重 ω_i^1，然后确定分类层指标（资源效益、生态效益以及社会效益）之间的比重 ω_j^2，则按式（6－5）计算指标层环境效益指标在目标层环境效益正外部性中的比重：

$$\omega_i^{(2)} = \omega_i^1 \times \omega_j^2 \tag{6-6}$$

6.1.4.4 基于综合法的重要等级评价

客观法从经济上定量分析了各环境效益指标比重，有较好的理论基础，但由于各环境效益测算多为估算，基础数据并不一定完全准确，因此客观法不一定能真实反映各效益指标的重要性，需根据各水电工程的实际情况做修正。客观法根据决策者对工程的了解，可以对环境效益指标作出较为实际的经验判断，但计算也存在一定的主观随意性。综合法是综合客观法和主观法的优缺点，将两者有机结合起来，使各环境效益指标权重更接近真实，更好地反映其重要性。

本书采用的基于综合法的比重计算模型为

$$\theta_i = \frac{\omega_i^{(1)}\omega_i^{(2)}}{\sum_{i=1}^{n}\omega_i^{(1)}\omega_i^{(2)}} \tag{6-7}$$

6.2 乌东德水电站环境效益正外部性测算

乌东德水电站以发电为主，兼顾防洪、航运和促进地方经济社会发展，在水电工程开发中具有较强的代表性。本书以乌东德水电站为例，开展水电工程环境效益正外部性分析。

6.2.1 环境效益正外部性测算

环境效益测算常用的方法主要有污染损失法、影子价格法、最优等效替代法、资产价值法等。

6.2.1.1 资源效益

1）供水效益

由于金沙江水位较低，含沙量较高，江水难以利用，乌东德库区所在干流江段各类生活、农业、工业取水口分布较少，沿岸乡镇村庄的生活和工农业用水主要取自海拔较高的支流支沟水，灌溉较少。水库蓄水后，库区主要保存有11个取水口（见表6.6）。

表 6.6　蓄水后库区主要取水口基本情况

序号	取水口企业名称	取水用途	建设规模（万 m^3/d）	距坝址距离（km）	取水口抬升高度（m）	节约效益（万元）
1	攀枝花水务集团有限公司（金江水厂）	生产/生活	6	189.2	4.55	27.68
2	四川省川投化学工业集团有限公司	生产	3	184.4	4.45	13.54
3	会理县昆鹏铜业有限责任公司	生产	1.8	167.8	14.84	27.08
4	会理县溢壕矿业开发有限公司	生产	1	154.3	25.84	26.20
5	会理县马鞍坪矿山废石综合利用有限责任公司	生产	1.92	146.4	35	68.13

根据乌东德水电站库区回水计算成果，蓄水后有 5 处取水口高程抬升，取影子电价 0.6 元/kW·h 和电能转化率 60%，按照节约电费测算，每年可产生供水效益 159.38 万元。

2）航运效益

工程建成后，可渠化河道 207km，增加下游河段枯水期流量，改善白鹤滩库区航道通航条件。据测算，乌东德枢纽断面运量 2030 年将达到 500 万 t，其中下水 330 万 t。金沙江中下游河段综合运输体系中公路运输费率为 0.34 元/（t·km），水路运输费率为 0.10 元/（t·km），由此计算，与公路比较，每年可产生航运效益 24840 万元。

3）水产效益

电站正常蓄水位对应水域面积 127.1km^2，水域面积增大 1.5 倍，按水面渔业产出 225kg/（a·hm^2）、10 元/kg 计算，梯级水库建成后每年渔业生产所带来的经济效益将达到 2859.75 万元。

4）发电效益（替代火电）

电站多年平均发电量是 389.1 亿 kW·h，将水电与火电单位电价的价差作为水电节约煤炭资源的效益，目前云南省燃煤发电上网电价 0.34 元/（kW·h），水电上网电价 0.27 元/（kW·h），由此计算，每年可代替节约煤炭资源 27.24 亿元。

6.2.1.2　生态效益

1）节能减排效益

根据多年平均发电量测算，乌东德水电站发电后每年可减少温室气体二氧化碳 3050 万吨、二氧化硫 10.4 万吨的排放，有利于减少大气污染，为我国实现节能减排目标做出贡献。水电 CDM 交易价平均约为 10 欧元/（t·CO_2），按 2018 年 12 月汇率（欧元∶人民币=7.61121）计算[27]，减少二氧化碳排放效益 23.2 亿元。二氧化硫的减排成本按 1200 元/t[28]计，减少二氧化硫排放效益 1.248 亿元。

2）水土保持效益

经统计，水土保持及生态环境保护共建设林草地 1005.7hm^2，具有涵水、固土、造氧、生产及减少土壤肥力损失等能力，合计产生货币价值约 4272.41 万元/年，见表 6.7。

表 6.7　乌东德水电站水土保持效益计算

项目	生态功能	单位面积效益	影子工程单价	价值（万元）
建设林草地	涵水功能	$307300m^3/km^2$	0.4 元/m^3（水库工程）	124.15
	固土功能	$179336t/km^2$	0.5 元/t（沙坝工程）	90.56
	造氧功能	$733t/km^2$	400 元/t	296.13
	生产效益	$1376m^3/km^2$	100 元/m^3	138.98
	减少土壤肥力损失	$179336t/km^2$	20 元/t	3622.59
合计				4272.41

6.2.1.3　社会效益

1）防洪效益

乌东德水电站防洪库容为 24.4 亿 m^3，汛期通过下游梯级电站水库运行调度，可进一步提高川江河段宜宾、泸州、重庆等防护对象的抗洪能力以及长江中下游的防洪效益；根据乌东德水电站可行性研究报告测算，按有、无乌东德防洪库容减免的洪灾损失对比计算，多年平均防洪效益为 3.01 亿元。

2）带动地方发展效益

运行期对地方财政收入的增收主要产生于以下三个方面：

（1）增值税。估算乌东德水电站每年发电产值约 130 亿元，每年需缴纳增值税约 22 亿元，地方财政留成按 25%计，则地方财政的增值税收入可增加约 5.5 亿元。

（2）所得税。上网电价、财务费用、经营成本的变化对水电站发电利润影响大，初步估算乌东德水电站每年产生的利润占销售收入的 10%～50%，分析时简化处理，平均按 30%计，则每年实现利润约 40 亿元，每年需缴纳所得税 10 亿元。根据国家政策，所得税征收额的 50%可留在地方。因此，地方财政的所得税收入可增加 5 亿元。

（3）水资源费。乌东德水电站水资源费征收按 0.008 元/（kW·h），每年需缴纳水资源费约 3.0 亿元。

综合计算，乌东德水电站建成后，每年可增加地方财政收入约 13.5 亿元。

3）旅游效益

水库蓄水后，元谋风景名胜区金沙江片区的景观资源将由原来的带状河流景观资源转化为面状湖水景观资源，增加了景观资源在区域内的独特性，同时结合一年一度的彝族火把节，挖掘少数民族历史文化；结合皎平渡遗址复建、江边红色遗址、会理会议遗址、电站库区观光等，加快发展文化旅游、红色旅游产业发展，努力打造生态旅游休闲胜地。此外，金沙江下游梯级电站建设还将在崇山峻岭、高山峡谷之间，形成一串明珠式的世界级巨型水库群，使气势磅礴的人工建筑、雄奇壮丽的“高峡平湖”与俊秀多姿的自然风光交相辉映。水库形成的湖面还可开展各种水上旅游和娱乐项目，丰富旅游景观，增加旅游内容，延伸旅游产业链。据分析，水库蓄水后乌东德断面年客运量为 230～276 万人，旅游客运与交通渡运按照 25%和 75%比例，年旅游人数约为 62.5 万人，按照云南省 2018 年人均旅游消费额 1000 元计算，则可产生旅游效益 6.25 亿元。

4）拦沙效益

按等效原则，采用“影子工程法”计算，在金沙江流域进行水土流失综合治理，其治理单位水土流失量所需费用约 24 元/t，乌东德水库运行 50 年的拦沙效益约 376.8 亿元，年均 7.5 亿元。

综上所述，乌东德水电站每年正外部性环境效益为 856611.54 万元，见表 6.8。

表 6.8　乌东德水电站环境效益正外部性估算

分类层	指标层	效益估算值（万元）
资源效益 B_1	供水效益 B_{11}	159.38
	航运效益 B_{12}	24840
	水产效益 B_{13}	2859.75
	发电效益（替代火电）B_{14}	277400
生态效益 B_2	节能减排效益 B_{21}	244480
	水土保持效益 B_{22}	4272.41
社会效益 B_3	防洪效益 B_{31}	30100
	带动地方经济效益 B_{32}	135000
	旅游效益 B_{33}	62500
	拦沙效益 B_{34}	75000
总效益	856611.54	

6.2.2　环境效益指标重要等级评价

6.2.2.1　客观法比重计算

根据式（6−1）以及表 6.8 进行比重计算，计算结果见表 6.9。

表 6.9　基于客观法环境效益指标比重计算结果

分类层	指标层	比重 $\omega_i^{(1)}$	合计
资源效益 B_1	供水效益 B_{11}	0.0002	0.3564
	航运效益 B_{12}	0.0290	
	水产效益 B_{13}	0.0033	
	发电效益（替代火电）B_{14}	0.3238	
生态效益 B_2	节能减排效益 B_{21}	0.2854	0.2904
	水土保持效益 B_{22}	0.0050	
社会效益 B_3	防洪效益 B_{31}	0.0351	0.3533
	带动地方经济效益 B_{32}	0.1576	
	旅游效益 B_{33}	0.0730	
	拦沙效益 B_{34}	0.0876	

6.2.2.2 主观法比重计算

（1）通过咨询专家，分类层资源效益 B_1 中 4 个环境效益指标序关系为：

发电效益 B_{14} > 供水效益 B_{11} > 航运效益 B_{12} > 水产效益 B_{13}

其中：$B_{14}/B_{11}=1.2$，$B_{11}/B_{12}=1.4$，$B_{12}/B_{13}=1.4$。

通过式（6—4）和式（6—5）进行比重计算得：

$$\omega_{B_{14}}^{2}=0.3504,\quad \omega_{B_{13}}^{2}=0.1490,\quad \omega_{B_{12}}^{2}=0.2086,\quad \omega_{B_{11}}^{2}=0.2920$$

（2）通过咨询专家，分类层生态效益 B_2 中 2 个环境效益指标序关系为：

节能减排效益 B_{21} = 水土保持效益 B_{22}

即：$B_{21}/B_{22}=1$。

通过式（6—4）和式（6—5）进行比重计算得：

$$\omega_{B_{21}}^{2}=0.500,\quad \omega_{B_{22}}^{2}=0.500$$

（3）通过咨询专家，分类层社会效益 B_3 中 4 个环境效益指标序关系为：

防洪效益 B_{31} > 带动地方发展效益 B_{32} > 拦沙效益 B_{34} > 旅游效益 B_{33}

其中：$B_{31}/B_{32}=1.4$，$B_{32}/B_{34}=1.2$，$B_{34}/B_{33}=1.4$。

通过式（6—4）和式（6—5）进行比重计算得：

$$\omega_{B_{31}}^{2}=0.3657,\quad \omega_{B_{32}}^{2}=0.2612,\quad \omega_{B_{33}}^{2}=0.2177,\quad \omega_{B_{34}}^{2}=0.1555$$

（4）通过征求专家意见，分类层资源效益 B_1、生态效益 B_2、社会效益 B_3 的比重分为 0.4、0.4、0.2。

由式（6—6），基于主观法计算各环境效益指标比重，计算结果见表 6.10。

表 6.10 基于主观法环境效益指标比重计算结果

分类层	指标层	比重 $\omega_i^{(2)}$	合计
资源效益 B_1	供水效益 B_{11}	0.1168	0.4
	航运效益 B_{12}	0.0834	
	水产效益 B_{13}	0.0596	
	发电效益（替代火电）B_{14}	0.1402	
生态效益 B_2	节能减排效益 B_{21}	0.2000	0.4
	水土保持效益 B_{22}	0.2000	
社会效益 B_3	防洪效益 B_{31}	0.0731	0.2
	带动地方经济效益 B_{32}	0.0522	
	旅游效益 B_{33}	0.0435	
	拦沙效益 B_{34}	0.0311	

6.2.2.3 综合法比重计算

由表 6.9 客观法和表 6.10 主观法计算结果，根据式（6—7），计算各环境效益指标比重值，同时按照表 6.4 重要等级分类标准，计算各指标重要程度，见表 6.11 和图 6.2。

表 6.11　基于综合法环境效益指标比重及重要性计算结果

分类层	指标层	比重 θ_i	合计	重要程度
资源效益 B_1	供水效益 B_{11}	0.0002	0.3911	不重要
	航运效益 B_{12}	0.0197		重要
	水产效益 B_{13}	0.0016		一般重要
	发电效益（替代火电）B_{14}	0.3696		非常重要
生态效益 B_2	节能减排效益 B_{21}	0.4648	0.4729	非常重要
	水土保持效益 B_{22}	0.0081		一般重要
社会效益 B_3	防洪效益 B_{31}	0.0209	0.1360	重要
	带动地方经济效益 B_{32}	0.0670		很重要
	旅游效益 B_{33}	0.0259		重要
	拦沙效益 B_{34}	0.0222		重要

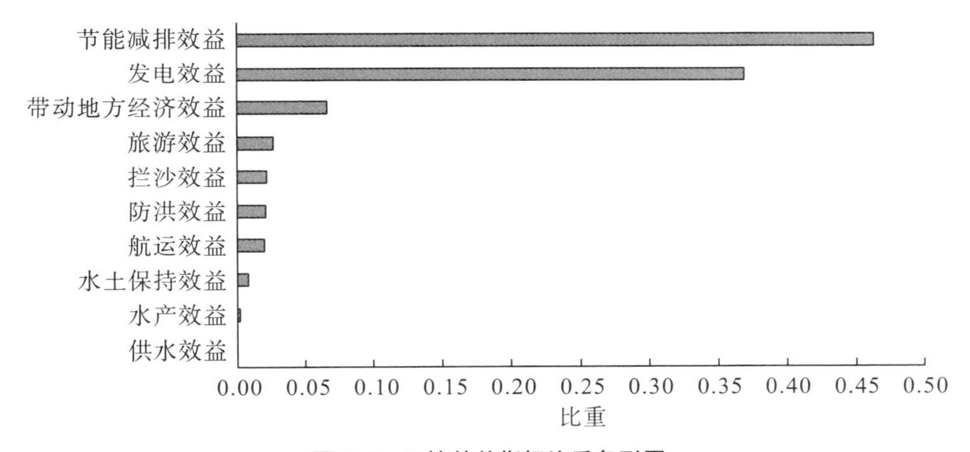

图 6.2　环境效益指标比重条形图

由表 6.11 可知，分类层指标重要性依次为生态效益、资源效益、社会效益，其比重分别为 0.4729、0.3911、0.1360。在各环境效益指标中，节能减排效益比重最大，其次是发电效益（替代火电），其比重分别为 0.4648、0.3696，这正与乌东德水电站以发电为主的开发任务和水电清洁能源特性相符合；另外供水效益最小，为 0.0002，这与乌东德水电站库区属贫困落后地区，经济不发达，周边取水量较小相符合。

由图 6.2 可知，重要性排前五的分别是节能减排效益、发电效益（替代火电）、带动地方经济效益、旅游效益、拦沙效益，占总效益的 94.95%；同时从表 6.10 也可以看出，乌东德水电站正外部性环境效益指标中非常重要的有 2 个，很重要的有 1 个，重要指标有 4 个，一般重要指标有 2 个，不重要指标有 1 个。

6.2.3 正外部性分析

6.2.3.1 与环境负效益对比分析

环境负效益的测算采用“恢复费用法”，以减缓不利环境影响或达到恢复、补偿效果所需费用进行计算，在各类损失中，可以货币化体现的主要包括环境保护措施及补偿费用、水库淹没和工程永久占地投资。根据乌东德水电站环境影响报告书，环境保护措施主要包括水土保持工程、水环境保护工程、环境空气保护工程、声环境保护工程、生活垃圾处置工程、陆生生态环境保护工程、水生生态环境保护工程、人群健康保护工程、环境地质保护工程、移民安置环境保护工程、环境监测工程等，总投资为49.55亿元，同时建设征地和移民安置投资补偿总额为154.96亿元，为此环境负效益值总计为204.51亿元。

由表6.7可知，不考虑建设单位获得环境效益，工程每年环境效益正外部性已达到85.66亿元，为环境负效益的41.88％。需要说明的是本书研究的环境效益正外部性是以年度为单位，而环境负效益是一次性投资，从该角度讲，在电站运行2.4年后，环境效益的正外部性将高于环境负效益。此外若环境负效益按照财务评价期30年折算，基准内部收益率取8％，则每年环境负效益为18亿元，由此得出每年环境效益的正外部性价值为环境负效益的4.75倍。

6.2.3.2 与工程年均利润对比分析

工程投产后年均利润约为54.7亿元，环境效益正外部性达到年均利润的1.56倍，已远超过建设单位获得的发电利润，加上一些未能定量的环境效益，电站环境效益正外部性之大不容小觑。

结果表明：大中型水电工程环境效益富含着巨大的正外部性，管理者和社会公众不应仅看到工程开发对环境的负面影响，也要看到工程对环境的巨大效益，要以更客观的态度评价大中型水电工程，以便电站能够及时核准决策和工程建设顺利推进。

思考与练习题

（1）水电工程的环境效益主要有哪些？哪些是正效益，哪些是负效益？

（2）“外部性”的定义是什么？请列举几个生活中的正外部性和负外部性的例子。

（3）环境效益测算常用的方法有哪些？这些方法的基本原理是什么？

第7章　乌东德水电站水生生态保护

7.1　生态流量

7.1.1　生态流量的定义

生态流量的研究20世纪70年代始于美国。为执行《清洁水法》，也为了满足大坝建设高潮中生态流量评估的需求，当地政府管理部门开始进行生态基流的研究和实践，确定河道中最小流量，以维持一些特定物种如鱼类生存和渔业生产。此后，发达国家为应对人类大规模活动改变自然水文情势引起水生态系统退化的挑战，开展了多方面的研究和实践。这里所说的改变自然水文情势的人类大规模活动有以下几种：①从河流、湖泊、水库大规模取水或调水；②水库蓄水；③通过水库实施人工径流调节。科学家们认为，为保护水生态系统，有必要在人类开发水资源的背景下，确定维持河湖生态健康的基本水文条件。

生态流量是一个不断发展的概念，现存生态流量定义有多种，《欧盟水框架指令》中“生态流量”的定义是：为实现《欧盟水框架指令》第4（1）条所述环境目标下的自然地表水体的水文情势。其中，第4（1）条所述环境目标指：①现状不退化；②实现自然地表水体良好生态状况；③保护区内遵守其保护标准和目标。董哲仁[29]给出生态流量的定义是：为了部分恢复自然水文情势的特征，以维持河湖生态系统某种程度的健康状态并能为人类提供赖以生存的水生态服务所需要的流量和流量过程。刘昌明院士[30]提出，生态流量为河流、湿地或河口区域实现一定的目标所提供的水量。自然条件下，是维护其生态系统的功能；人类活动影响下，是寻求各种水用途之间的最佳平衡，保持区域可持续发展。迄今为止国际上有200多种生态流量计算方法，主要为水文学法、水力学法、生境模拟法以及整体分析法这4类。目前这些方法仍在世界各地使用，我国引进了这些计算方法并在诸多生态流量相关的导则与指南中引用。根据原国家环境保护总局环评函〔2006〕4号文关于《水电水利建设项目河道生态用水、低温水和过鱼设施环境影响评价技术指南（试行）》，生态需水量确定的主要方法有水文学法、水力学法、组合法、生境模拟法、综合法和生态水力学法。

7.1.2 乌东德水电站生态流量过程[①]

根据《金沙江乌东德水电站环境影响报告书》及其批复文件，乌东德水电站下闸蓄水时间应避开主要鱼类产卵期，导流洞下闸封堵期间应下泄足够生态流量，确保下游不出现断流。蓄水期间通过泄洪设施下泄不低于 900m³/s 的生态流量。运行期通过机组发电和泄洪设施下泄不低于 900～1160m³/s 的生态流量。

7.1.2.1 不同蓄水期生态流量措施

1）初期蓄水期

乌东德大坝不设底孔，左右岸设置 5 条导流隧洞，采取“左 2 右 3、4 大 1 小、4 低1 高”的布置格局（见图 7.1），1 号～4 号导流洞大洞断面尺寸为 16.5m×24.0m，右岸 5 号导流隧洞为高导流隧洞，断面尺寸 12.0m×16.0m。初期蓄水期间右岸 3 号、4 号导流隧洞先下闸，左岸 1 号、2 号和右岸 5 号导流隧洞依次下闸，以协调导流隧洞下闸封堵期下游供水要求；5 号高导流隧洞除参与初期、中期导流外，还起衔接低导流隧洞至坝身泄洪中孔间蓄水期下游供水作用。5 号导流隧洞进口封堵闸门下闸水头达 54m，考虑到下闸难度和安全下闸的重要性，通过相关研究，5 号导流隧洞采用弧门控制的泄水孔，可有效提高 5 号导流隧洞下闸可靠性，保障生态流量稳定下泄，实现初期蓄水期间下游不断流。

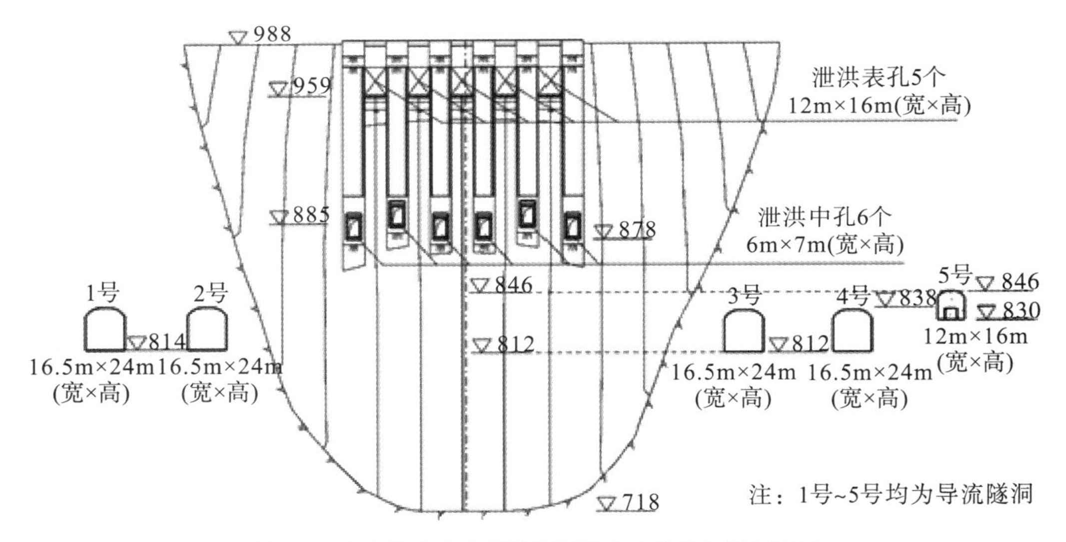

图 7.1 乌东德水电站导流期间泄水建筑物布置示意图

导流隧洞下闸具体安排如下：

第一批：2019 年 11 月上旬，右岸 3 号、4 号导流隧洞下闸封堵，由 1 号、2 号导流隧洞向下游供水；

第二批：2020 年 1 月上旬，左岸 1 号导流隧洞下闸封堵，由 2 号导流隧洞向下游

① 本节部分内容编录长江水资源保护研究所《金沙江乌东德水电站环境影响报告书》。

供水；

第三批：2020 年 1 月上旬，左岸 2 号导流隧洞下闸封堵，由 5 号导流隧洞向下游供水；

第四批：2020 年 1 月中下旬，水库水位蓄至 890.0m，大坝中孔可满足下泄不小于 $385m^3/s$ 时，5 号导流隧洞下闸封堵，由大坝中孔向下游供水，至此导流隧洞全部下闸完成。

2020 年 5 月上旬，保持下泄流量不小于 $900m^3/s$，水库开始蓄水，5 月底蓄水至初期发电水位 945.0m。

2）运行期

根据乌东德水电站的最小入库流量和坝下至岷江河口河段的综合用水需求，结合乌东德电站的季调节性能及下游各区间的最小来水流量，在乌东德水电站首批机组投产后，非鱼类产卵期电站最小下泄流量 $900m^3/s$，并与白鹤滩、溪洛渡和向家坝联动，共同满足乌东德坝下至岷江河口河段的综合用水需求。

乌东德水电站装机 12 台，单机额定流量 $691.1m^3/s$，单机适宜过流流量在 276～$691.1m^3/s$ 之间，乌东德水电站只需启动 2 台机组，即可下泄不小于 $900m^3/s$ 的流量，并可保持机组的稳定运行工况，该最小下泄流量与电站机组特性是适应的。

7.1.2.2　初期蓄水期实际过程

初期蓄水（第一阶段）期间，导流隧洞采用分批分序下闸方案，其中右岸 3 号、4 号导流隧洞下闸后，由左岸 1 号、2 号导流隧洞向下游供水，左岸 1 号导流隧洞下闸后，由左岸 2 号和右岸 5 号导流隧洞向下游供水，右岸 3 号、4 号、左岸 1 号导流隧洞下闸期，下游供水基本不受影响。左岸 2 号导流隧洞下闸后，由右岸 5 号导流隧洞改建生态放水洞向下游供水；右岸 5 号导流隧洞下闸后，由中孔衔接向下游供水，2 号、5 号导流隧洞下闸期，对下游供水形成一定影响。

1）蓄水前运行方式

1 号、3 号、4 号导流洞已下闸封堵；2 号导流洞闸门全开过流；5 号导流洞平板门全开、弧门全关（5 号导流洞新增弧门主要用于调控下泄流量）；1 号～6 号泄洪中孔闸门全开；水垫塘及二道坝下游基坑充水至高程 780m。

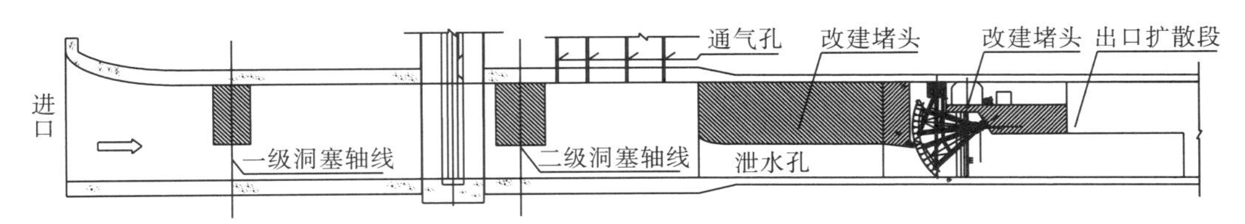

图 7.2　乌东德水电站 5 号导流隧洞改建布置方案

2）导流方式转序

（1）2020 年 1 月 15 日 13：00，5 号导流洞弧门全开参与泄流，确保 2 号导流洞下闸后不断流。

（2）1 月 15 日 15：15，2 号导流洞开始下闸，15：30 下闸完成。至此，5 号导流洞承担泄流任务，初期蓄水正式开始。

2 号导流洞下闸后，下泄流量由 2230m^3/s 开始锐减，坝址下游 5km 处的乌东德水文站实测最小流量 238m^3/s。

（3）1 月 18 日 5：27，5 号导流洞弧门由全开调整至 80%开度控泄，下泄流量由 501m^3/s 减至 448m^3/s。

（4）1 月 18 日 15：37，5 号导流洞弧门开度由 80%调整至 70%控泄，下泄流量减至 416m^3/s。

（5）1 月 19 日 17：30，库水位升至 885m，中孔开始过流对水垫塘及二道坝下游基坑充水。

（6）1 月 20 日 8：36，5 号导流洞弧门开始关闭，8：41 关闭完成。至此，泄洪中孔承担泄流任务，导流方式转序结束。

（7）1 月 20 日 10：24，5 号导流洞平板门下闸完成。

（8）1 月 21 日 15 时，库水位 893.64m，出入库流量首次达到平衡，均为 1480m^3/s，初期蓄水圆满完成。

第一阶段蓄水结束后，中孔处于敞泄状态，库水位随入库流量变化自然涨落。乌东德水电站第一阶段实际蓄水过程见表 7.1。

表 7.1　第一阶段初期蓄水实际过程

时间	上游水位（m）	入库流量（m^3/s）	时间	下游水位（m）	下泄流量（m^3/s）
2020/1/15 13：00	833.42	2180	2020/1/15 13：00	818	2180
2020/1/15 14：00	833.44	2240	2020/1/15 14：00	818.13	2240
2020/1/15 15：00	833.38	2230	2020/1/15 15：00	818.12	2230
2020/1/15 15：30	833.38	2200	2020/1/15 15：47	816.6	760
2020/1/15 16：00	835.59	2150	2020/1/15 16：06	815.7	405
2020/1/15 17：00	838.25	2050	2020/1/15 17：20	813.78	243
2020/1/15 18：00	840.39	2007	2020/1/15 17：44	813.3	242
2020/1/15 19：00	842.16	1817	2020/1/15 18：48	812.55	242
2020/1/15 20：00	843.64	1638	2020/1/15 19：13	812.42	242
2020/1/15 21：00	844.89	1483	2020/1/15 20：38	812.31	241
2020/1/15 23：00	846.87	1215	2020/1/15 23：00	812.06	241
2020/1/16 0：00	847.68	1148	2020/1/16 0：00	812.2	275
2020/1/16 8：00	854.06	1228	2020/1/16 8：00	812.52	354
2020/1/17 8：00	863.3	1045	2020/1/17 8：00	812.85	440
2020/1/17 9：00	863.62	1053	2020/1/17 8：29	812.87	446
2020/1/17 10：00	863.93	1044	2020/1/17 9：19	812.87	446

续表7.1

时间	上游水位（m）	入库流量（m³/s）	时间	下游水位（m）	下泄流量（m³/s）
2020/1/17 11：00	864.23	1033	2020/1/17 10：23	812.89	451
2020/1/17 16：00	865.68	1033	2020/1/17 16：32	812.95	467
2020/1/17 17：00	865.96	1035	2020/1/17 17：34	812.98	475
2020/1/18 5：00	869.92	1542	2020/1/18 5：00	813.08	501
2020/1/18 8：00	871.46	1737	2020/1/18 8：00	812.89	451
2020/1/18 9：00	871.98	1729	2020/1/18 8：47	812.88	448
2020/1/18 11：00	873.05	1798	2020/1/18 11：27	812.89	451
2020/1/18 15：00	874.98	1636	2020/1/18 15：00	812.93	462
2020/1/18 18：00	876.08	1333	2020/1/18 18：00	812.76	416
2020/1/19 0：00	877.66	1301	2020/1/19 0：00	812.79	424
2020/1/19 8：00	881.23	2216	2020/1/19 8：00	812.86	443
2020/1/19 9：00	881.75	2293	2020/1/19 8：41	812.86	443
2020/1/19 14：00	884	1937	2020/1/19 13：37	812.91	456
2020/1/19 19：00	885.31	1288	2020/1/19 18：40	812.91	456
2020/1/19 22：00	885.85	1267	2020/1/19 22：00	812.94	464
2020/1/20 0：00	886.32	1546	2020/1/20 0：00	812.94	464
2020/1/20 6：00	888.28	2110	2020/1/20 6：00	812.98	475
2020/1/20 7：00	888.6	1995	2020/1/20 7：00	813.04	491
2020/1/20 8：00	888.91	2087	2020/1/20 8：00	813.85	710
2020/1/20 9：00	889.28	2541	2020/1/20 8：58	814.15	793
2020/1/20 10：00	889.62	2372	2020/1/20 10：00	813.54	625
2020/1/20 11：00	889.95	2265	2020/1/20 11：00	813.48	608
2020/1/20 17：00	891.14	1450	2020/1/20 16：34	814.42	869
2020/1/20 23：00	891.67	1641	2020/1/20 23：00	814.89	1000
2020/1/21 0：00	891.82	1825	2020/1/21 0：00	814.99	1030
2020/1/21 8：00	893.18	2339	2020/1/21 8：00	816.19	1400

3）第一阶段蓄水期下游实际供水情况

2号、5号导流隧洞下闸期下游实际供水过程线如图7.3所示。

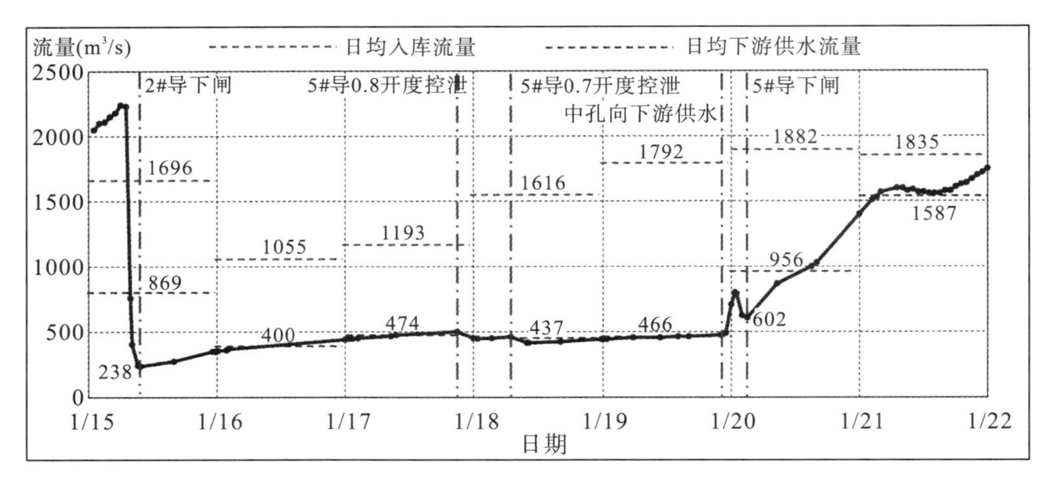

图 7.3　2 号、5 号导流隧洞下闸期下游实测供水过程线

由图可知：

（1）2 号、5 号导流隧洞下闸期间，下游未发生脱水断流的问题，下游供水最小流量发生在 2 号导流隧洞下闸后，瞬时最小供水流量 238m^3/s；5 号导流隧洞下闸后，下游瞬时最小供水流量 602m^3/s；2 号、5 号导流隧洞下闸后小流量的持续时间均较短，流量小于 383m^3/s 的总持续时间不超过 20h。

（2）2 号、5 号导流隧洞下闸期间，日均最小流量为 400m^3/s，下闸期间下游实际供水流量超过可研阶段设计和审批要求，满足生态供水要求。

图 7.4 所示为初期蓄水期间 5 号导流洞下泄生态流量。

图 7.4　初期蓄水期间 5 号导流洞下泄生态流量

7.2　过鱼设施[①]

水利水电工程等截断河流，导致这个开放、连续的系统在能量流动、物质循环及信息传递等方面发生一系列的改变，使生活其中的鱼类生存所需的生境条件、水文情势发生变化，最终对鱼类资源产生影响，例如：洄游或鱼类其他活动可能被延迟或终止、鱼类下行通过坝体建筑物或水轮机时遭受的伤害、生态景观破碎。这些影响会导致鱼类种群遗传多样性丧失和经济鱼类品质退化等。因此，为了保护鱼类资源，恢复河流生物多样性，过鱼设施的研究和建设是十分必要的。

7.2.1　过鱼设施类型和特点

目前，主要的过鱼设施类型包括鱼道、仿自然通道、升鱼机、鱼闸、集运鱼系统等。其主要特点和试用条件如下。

7.2.1.1　鱼道

鱼道为呈连续阶梯状的水槽式过鱼构筑物，由进口、槽身、出口和诱鱼补水系统等组成，如图7.5所示。进口多布置在水流平稳，且有一定水深的岸边或溢流坝出口附近，可适用于大部分鱼类，对鱼类洄游能力要求不高，鱼类通过鱼道上溯时，不会受到伤害。

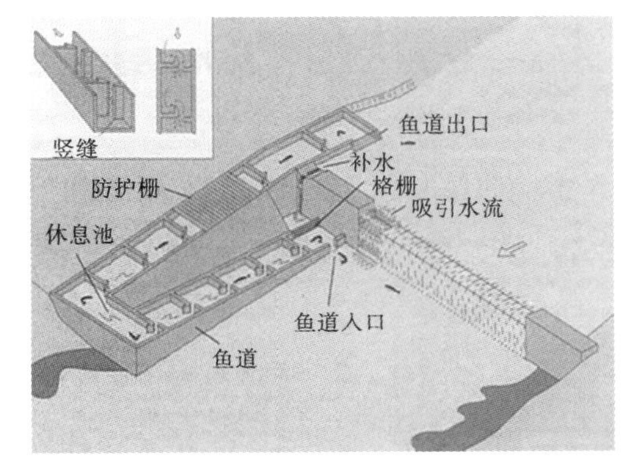

(a) 垂直竖缝式鱼道

(b) 阶梯型鱼道

图7.5　鱼道示意图

主要缺点为高水头大坝适用性较差，一般不适用于上下游水头差超过40m的工程，且需结合电站枢纽布置，对主体工程和调度运行有一定的影响。

7.2.1.2　仿自然通道

仿自然通道是在岸上人工开凿的类似自然河流的小型溪流，通过溪流底部、沿岸由

① 本节部分内容编录中国三峡建设管理有限公司乌东德工程建设部《金沙江乌东德水电站集运鱼系统落实进展情况总结报告》，长江勘测规划设计研究院《金沙江乌东德水电站集运鱼系统方案设计专题报告》。

石块堆积成的障碍物的摩阻起到消能减缓流速的目的，如图7.6所示。仿自然通道系统要求有足够的空间，一般应用于缓丘低山地形，不适宜水头过高的大坝，也不适宜高山峡谷区，还应避开人口稠密区域，以减少对鱼类的干扰。由于坡度相对较小，所需空间大，一般运用在较小的河流及上下游水位差不大的工程上。

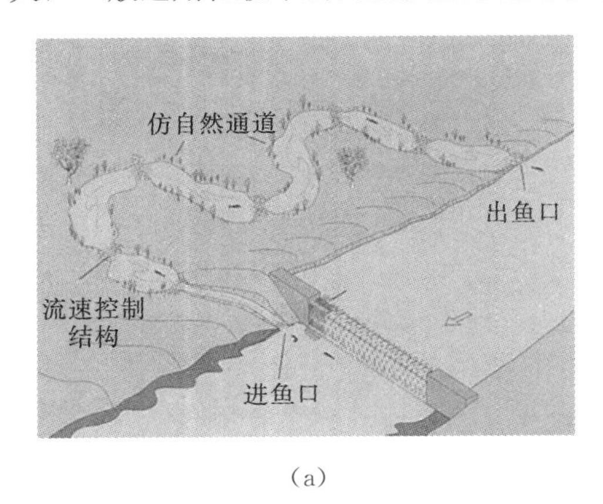

(a)

(b)

图7.6　仿自然通道示意图

7.2.1.3　鱼闸

鱼闸的操作原理与船闸极其相似，鱼类在闸室中凭借水位的上升，不必溯游便可过坝，如图7.7（a）所示。鱼闸运行分四个阶段：先开启下游门，通过上游门或旁通管向下游泄水，鱼被吸引入闸室；关闭下游门，充水至闸室水位与上游水位齐平；开启上游门，通过旁通管产生的水流让鱼游入或用驱鱼栅驱入上游；关闭上游门，开启下游门，重复以上步骤。

7.2.1.4　升鱼机

升鱼机是利用机械升鱼和转运设施过坝，操作原理是用一个捕集器直接截获鱼，如图7.7（b）所示。升高捕集器时，鱼及捕集器下部中少量的水被升起直到捕集器到达坝顶。此时，捕集器下部向前翻转，将其内含物倒入前池。

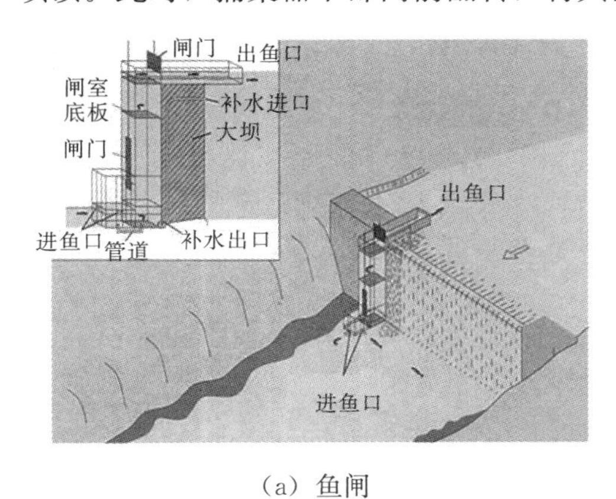

（a）鱼闸

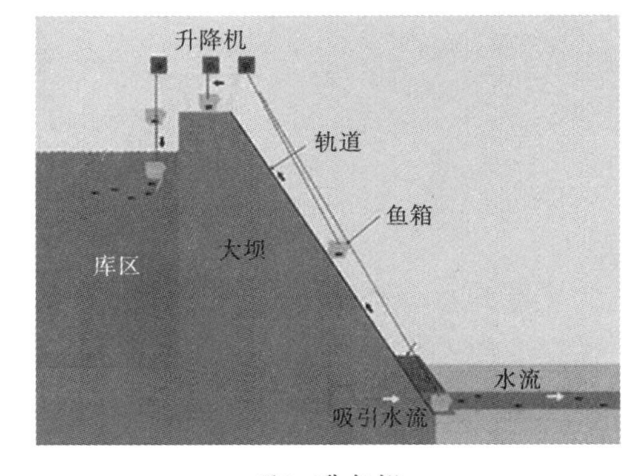

（b）升鱼机

图7.7　鱼闸、升鱼机示意图

7.2.1.5　集运鱼船

集运鱼船即“浮式鱼道”，可移动位置，适应下游流态变化，移至鱼类高度集中的地方诱鱼、集鱼，由集鱼船和运鱼船两部分组成，即由两艘平底船组成一个“鱼道”，如图7.8所示。集鱼船驶至鱼群集区，打开两端，水流通过船身，并用补水机组使其进口流速比河床中大0.2～0.3m/s，以诱鱼进入船内，通过驱鱼装置将鱼驱入紧接其后的运鱼船，然后通过船闸过坝后将鱼放入上游。

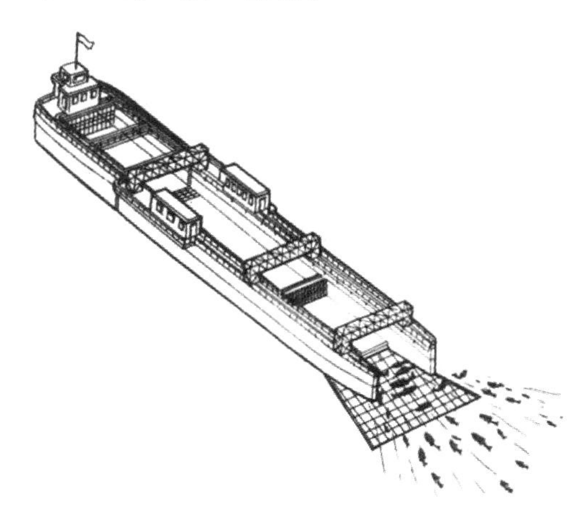

图7.8　集运鱼船示意图

7.2.1.6　组合方案

此外，在国外还有另外形式的集运鱼系统，为组合方案。如有的工程并未在大坝上布置过鱼设施，而是在大坝下游集鱼后，运鱼采用运鱼车。有的工程采用坝下集鱼后通过索道进行过坝运鱼。组合方案根据各自工程的特点，分别采用不同的集鱼和运鱼方式，其过鱼设施并非完全布设于大坝上。

集运鱼系统一般采用集鱼船集鱼，集鱼地点并不固定，集鱼设施具有移动性，运鱼设施也是如此。相较而言，组合方案也可分为集鱼和运鱼两套系统，所不同的是其集鱼设施和运鱼设施中有固定的形式，具有不可移动性。

7.2.2　乌东德集运鱼系统

7.2.2.1　系统组成

乌东德集运鱼系统由集鱼系统、提升系统、分拣装载系统、运输过坝系统、码头转运系统、运输放流系统和监控设施等部分组成，如图7.9所示。其中，集鱼系统的作用是将聚集在坝下需要洄游过坝的鱼类诱集并收集至集鱼箱中；提升系统的作用是将装有鱼类的集鱼箱提升至尾水平台；分拣装载系统的作用是将收集的鱼类根据过鱼目的按照种类、规格进行分类，并将所需鱼类装载进入专用运鱼车；运输系统的作用是通过专用车辆及船只将鱼类运输过坝并送达指定放流地点；放流系统的作用是将鱼类放流至库区；控制监测设施的作用主要是对所有集鱼、提升、分拣、装载、运输、放流等不同过程进行控制和监控，保证全过程的安全和有效。

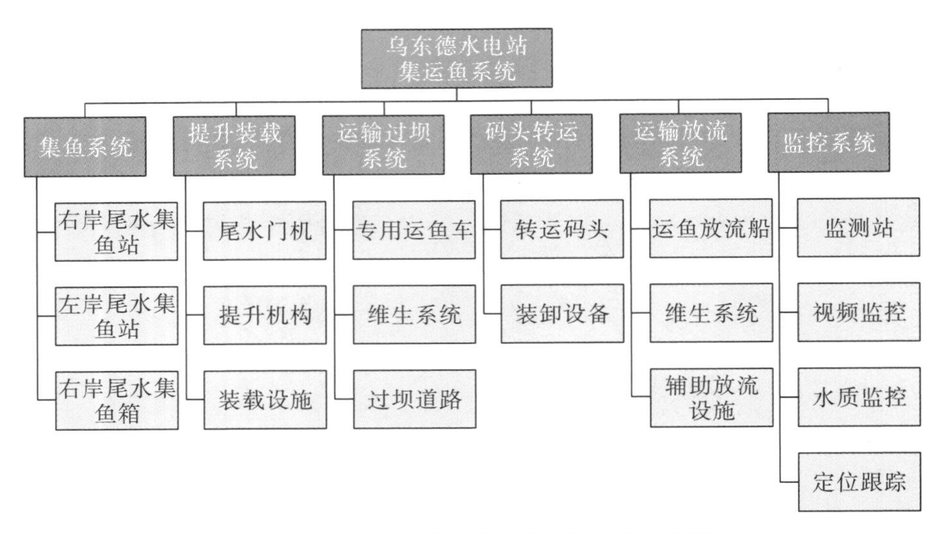

图 7.9　乌东德水电站集运鱼系统组成示意图

7.2.2.2　总体布置方案

集鱼系统设在两岸尾水区，最大限度地利用鱼类对发电尾水的趋向性诱集鱼。集鱼系统包括左岸尾水集鱼箱、右岸尾水集鱼箱及右岸固定集鱼站，见图 7.10。图 7.11 为乌东德水电站集运鱼系统整体布置。

图 7.10　乌东德水电站右岸尾水集鱼站

图 7.11　右岸固定集鱼站立面图

7.2.2.3　过鱼流程

本集运鱼系统的过鱼流程分为：①诱鱼→②集鱼→③提升→④分拣→⑤装载→⑥运输→⑦放流。

诱鱼：本工程诱鱼方式以水流诱鱼为主，其他方式为辅。由于发电尾水流量大，范围广，利用发电尾水可最大限度提高诱鱼效率，因此本集鱼系统主要利用发电尾水，具体流程为：首先确定机组运行方式，选择对应单台机组发电的尾水洞放置尾水集鱼箱，并下放右岸集鱼站集鱼箱，同时开启必要的辅助诱鱼设施进行诱鱼。

集鱼：鱼类进入尾水集鱼箱及集鱼站集鱼池后，由于防逃喇叭口较小，鱼类会在箱体及集鱼池内寻找适宜的区域进行游动及休息。

提升：当尾水集鱼箱作业一定时间后，或发现一定数量的鱼类进入集鱼箱后，采用门机将集鱼箱沿尾水检修门门槽提升至尾水平台。集鱼站则通过提升设施将集鱼站集鱼箱提升至装载高程。

分拣：通过门机将集鱼箱中鱼类转移至集鱼站装载车间，将收集的鱼类根据过鱼目的按照种类、规格进行分类，并转入暂养池中。

装载：专用运鱼车行驶到集鱼站装载车间下方，通过装载管道与暂养池相连，在保持运鱼车中运鱼箱存水的情况下将鱼类通过管道装载入运鱼箱中，并开启维生系统。

运输：开启运鱼车中的维生系统，保持运鱼箱中的水体理化指标符合鱼类需要，通过过坝公路将鱼类运输至坝上转运码头，并停靠在专用装卸泊位，通过放鱼管道连接将运鱼车中的鱼类转移至运鱼放流船的鱼类暂养舱内。

放流：当集鱼箱转载在运鱼放流船上后，开启维生系统，沿既定路线将鱼类运输至放流地点，确认放流水域安全后，通过放流滑道将鱼类放流至江中。完成放流后，运鱼放流船返回转运码头，完成整个过鱼流程。

7.2.3　尾水集运鱼试运行效果

7.2.3.1　试运行目的

1）验证集鱼箱集鱼效果

通过现场试验，验证利用尾水门槽布设集鱼箱以及在尾水区设置机动集鱼箱的可行性、各项操作的顺畅性，以及不同工况下的集鱼效果。

2）验证集鱼箱对尾水水流的影响

通过现场试验，测试箱体周围的流场，并验证集鱼箱箱体结构对尾水流态及发电效率的影响。

3）优化集鱼箱设计

根据现场试验及观测结果，梳理设计、运行、观测等方面存在的问题，提出改进措施，进行集鱼箱的优化设计。

4）探索辅助诱鱼措施

通过对目标鱼类的行为学开展研究，研究鱼类对不同诱饵的反应，探索可行的诱饵类型选择及布放方式。

7.2.3.2 机动集鱼箱现场试验

机动集鱼箱试验主要验证尾水区是否有鱼类分布，以及鱼类对不同进鱼口结构的响应特点。

1）试验过程

导流阶段，1号、2号导流洞流量较大，流速较大，不具备移动式集鱼箱布设条件，为保证试验设备及人员安全，选择3号尾水洞外缓流水域开展机动式集鱼箱试验（见图7.12和图7.13）。采用汽车吊将试验集鱼箱下放至作业水域，开展集鱼作业。

图7.12 机动集鱼箱试验区域

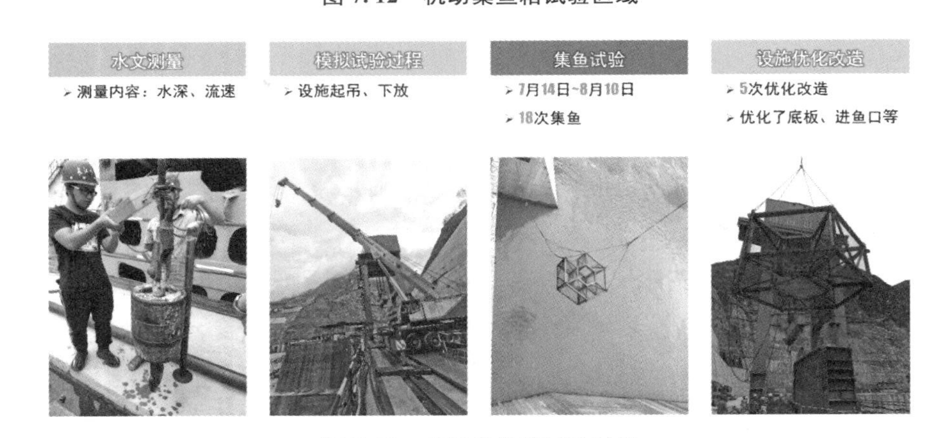

图7.13 机动集鱼箱试验过程

2）试验结果

2019年7月13日~8月9日，共开展18次集鱼试验，共收集到7种52尾鱼类，鱼类组成见图7.14和图7.15。

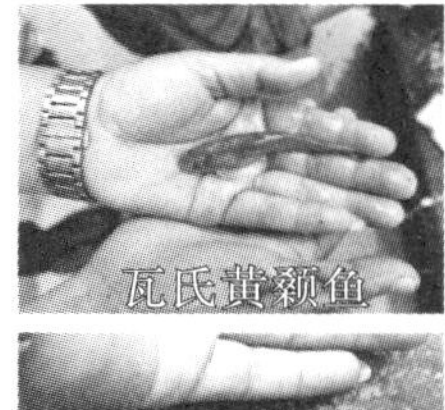

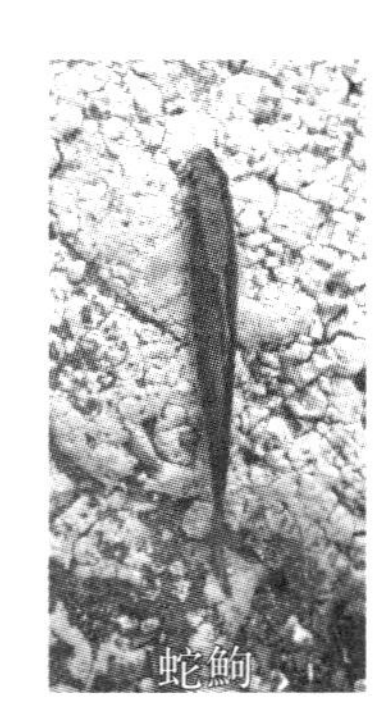

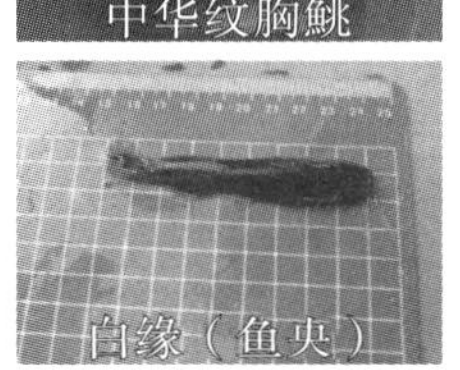

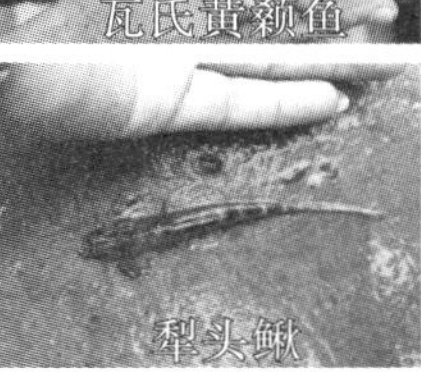

图 7.14　机动集鱼箱收集到的鱼类

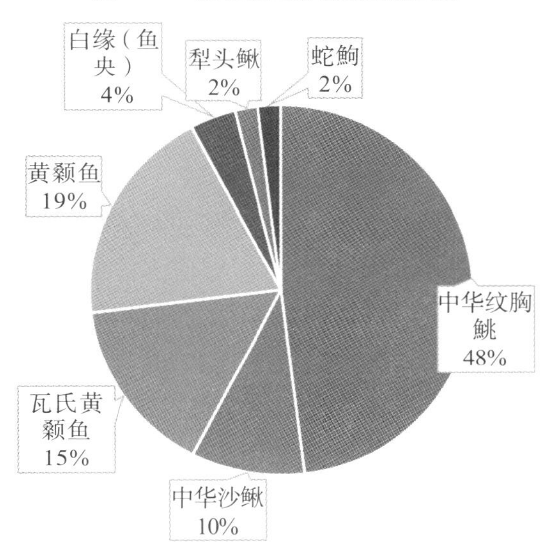

图 7.15　机动集鱼箱收集到的鱼类组成

3）试验结论分析

试验收集到 7 种鱼类，其中 6 种是集运鱼系统的过鱼对象，说明尾水区有过鱼目标分布，作为主要集鱼地点技术上是可行的。

本试验收集到的鱼类多为底层鱼类，说明集鱼箱贴底作业能够对中华纹胸鮡等典型底层鱼类起效。

导流阶段，正在泄水的 1 号、2 号导流洞附近是鱼类的主要密集分布区，试验作业地点是缓流区，鱼类分布数量相对较少，因此试验收集到的鱼类数量相对较少，另外鱼类主要繁殖期已过，也可能对集鱼箱收集的鱼类数量产生影响。

本次试验收集到的鱼类规格偏小，原因可能是 3 号尾水洞口外是缓流水体，主要是游泳能力较弱的种类及幼鱼的分布水域。

7.2.4　尾水集鱼箱现场试验

7.2.4.1　动水试槽试验

进入 11 月下旬后，金沙江流量逐渐减小至 2000m^3/s 以下，已接近尾水集鱼箱的设计工况，初步具备尾水集鱼箱试验条件。经研究，利用2号导流洞将下闸封堵前的短暂窗口期，开展尾水集鱼箱试槽及模拟试验工作，通过现场作业操作，分析试验集鱼箱的转运、下放、集鱼、起吊、平移等作业环节中的合理性及顺畅性，分析是否存在卡阻、晃动、振动、倾斜等情况（见图7.16）。

图7.16　尾水集鱼箱动水试槽试验

2019年11月29日～12月4日，开展尾水集鱼箱的导流状态下的动水试槽试验。12月1日后，由于上游观音岩水电站加大负荷，乌东德断面流量增大至3000m^3/s左右，仅在夜间流量降至2100m^3/s左右。因此，12月4日凌晨2：00开始试槽，此时流量约2130m^3/s，下游水位820.50m。

为加大钢缆行程，集鱼箱通过钢缆直接连接在滑轮组上，通过门机将集鱼箱下放至检修门槽内。整个下放过程顺畅无卡阻，顺利下放至导流洞底部（800.00m）。为验证集鱼箱结构及网片在高速水流冲击下的稳定性，集鱼箱在水下静置10min后提升出水，提升过程顺畅无卡阻，门机负荷基本稳定，顺利提升至尾水平台。

7.2.4.2　发电阶段集鱼试运行

2020年7月1日，乌东德水电站首批机组正式投产发电，为验证尾水集鱼箱在发电工况下的运行情况，开展发电阶段尾水集鱼箱试运行工作（见图7.17）。

考虑到过鱼对象的洄游产卵期，2020年7月在允许工况条件下在左岸3号尾水洞左支洞开展了发电工况尾水集鱼现场试验。试验中利用门机抓梁及动滑轮连接集鱼箱，采用动滑轮下放至指定高程，停留一定时间，再提起检查水流冲击对动滑轮组、钢丝绳和集鱼箱结构及附件的影响。将集鱼箱提起至右侧尾水平台，统计、记录并收集集鱼箱内、结构槽钢上的各类鱼，拍照记录后放入蓄养桶内供氧养护。每半天试验完成后，将采集鱼通过车辆运输至上游码头放流（见图7.18）。

图 7.17　发电工况下尾水集鱼箱试运行

图 7.18　发电工况下尾水集鱼箱首次下水试运行

集鱼试验中将收集到的鱼拍照记录存档，经鉴定，共收集到鱼类 5 科 13 种，其中鲤科 6 种，平鳍鳅科 3 种，鳅科 2 种，鮡科 1 种，鲇科 1 种，主要鱼类如图 7.19 所示。

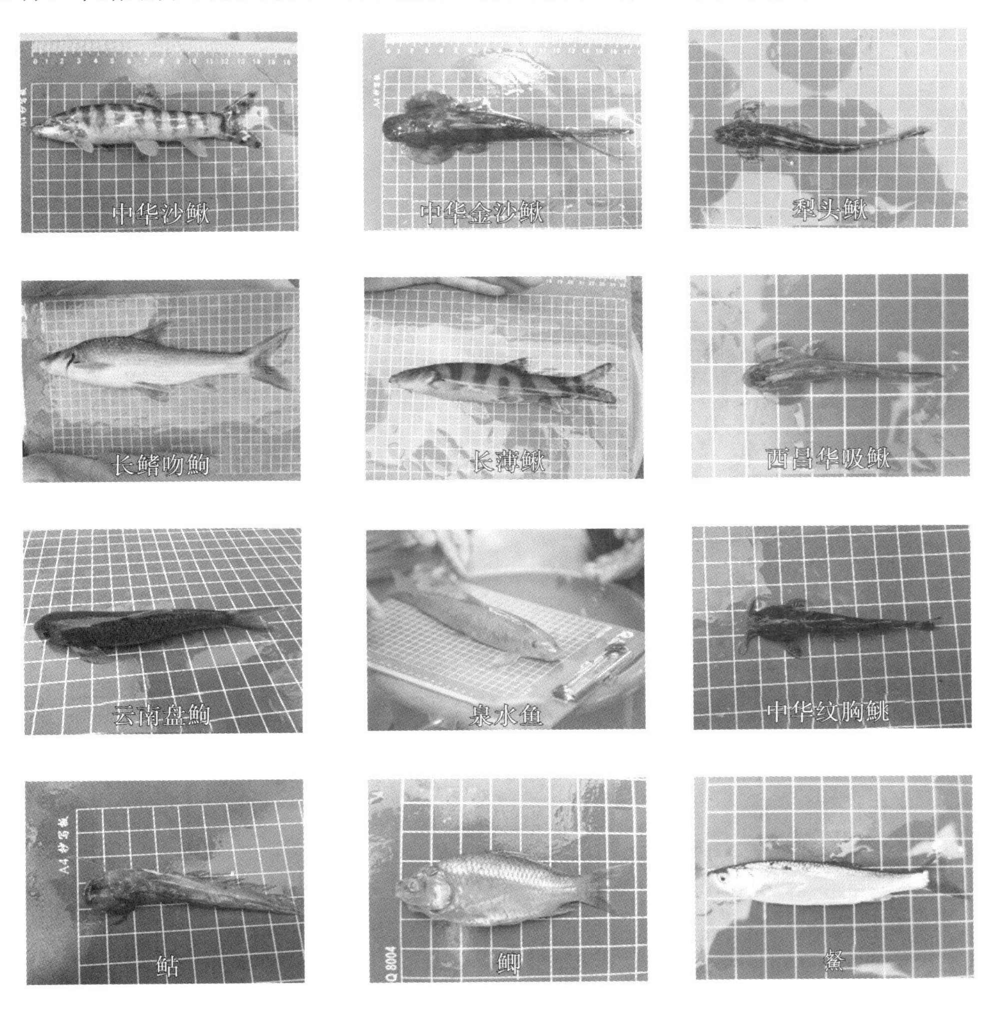

图 7.19　试验收集鱼类情况

在 22 次发电工况尾水集鱼作业中，每次作业均能收集到鱼类，其中最少 3 尾（7

月 17 日 818m 高程，集鱼时间 1h），最多 67 尾（7 月 17 日至 18 日 821m 高程，集鱼时间 14h），共收集各类鱼 248 尾，平均 11.3 尾/次，6 尾/h，其中中华沙鳅、犁头鳅、中华金沙鳅数量较多，占比超 90%，如图 7.20 和图 7.21 所示。

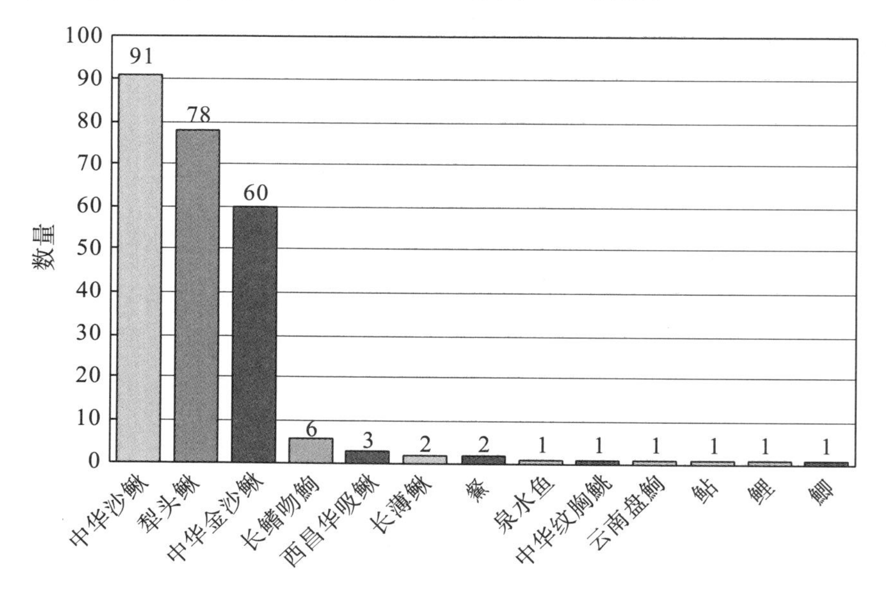

图 7.20　各鱼类采集数量对比

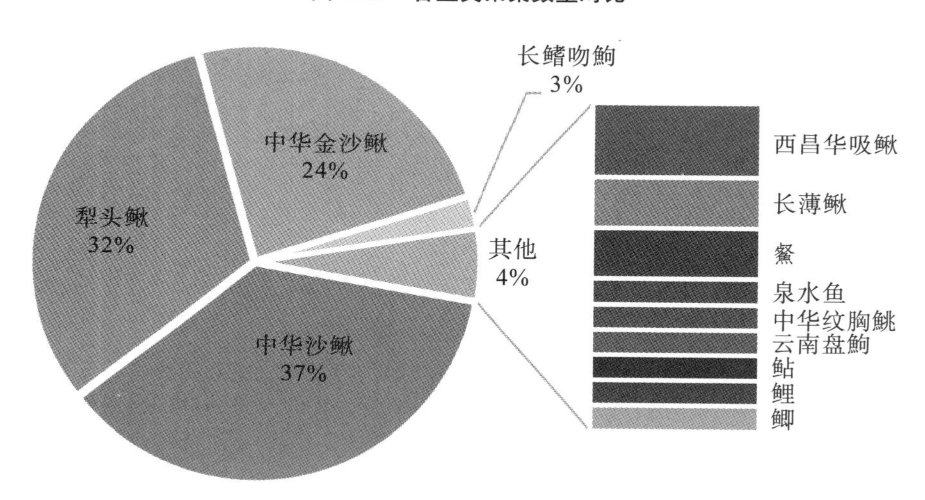

图 7.21　各采集鱼类占比情况

7.2.4.3　2020 年 9 月试运行

按照全年过鱼要求，9 月份持续组织开展尾水集鱼试运行（8 月份由于汛期流量大，大坝和泄洪洞泄洪导致试验区域流速超过约 4m/s，考虑安全因素，试验小组决定暂停试运行），每日集鱼作业按 6 次控制，上、下午各 3 次，各次集鱼作业持续时间为 20min 至 30min，集鱼箱下放深度 5m 左右。9 月 1 日至 13 日在左岸 3 号尾水洞左支洞进行尾水集鱼试运行，9 月 14 日起转移集鱼箱至右岸尾水平台，并做好在右岸尾水洞进行尾水集鱼的准备工作。

9月1日至13日，累计进行71次集鱼作业，受左岸尾水门槽漂浮物影响，共有39次集鱼作业收集到鱼。将收集到的鱼拍照记录存档，经现场工作人员鉴定，共收集到鱼类6种，均为工程过鱼目标，包括优先过鱼对象长鳍吻鮈，主要过鱼对象中华金沙鳅、长薄鳅，兼顾过鱼对象中华沙鳅、犁头鳅、泉水鱼。

9月1日至13日，在71次尾水集鱼作业中，共有39次集鱼作业收集到鱼，共收集各类鱼54尾（见表7.2和图7.22）。在收集到的鱼类中次要过鱼对象长鳍吻鮈和次要过鱼对象中华金沙鳅较多，分别达到14尾和20尾，主要过鱼对象长薄鳅5尾。

表7.2　9月集鱼箱收集鱼类

序　号	集鱼种类	过鱼优先级	集鱼数量（尾）	占总数量比例（%）
1	中华金沙鳅	次要过鱼对象	20	37.03
2	长鳍吻鮈	主要过鱼对象	14	25.92
3	犁头鳅	兼顾过鱼对象	9	16.67
4	长薄鳅	次要过鱼对象	5	9.26
5	泉水鱼	兼顾过鱼对象	3	5.56
6	中华沙鳅	兼顾过鱼对象	3	5.56
总计	6	—	54	100%

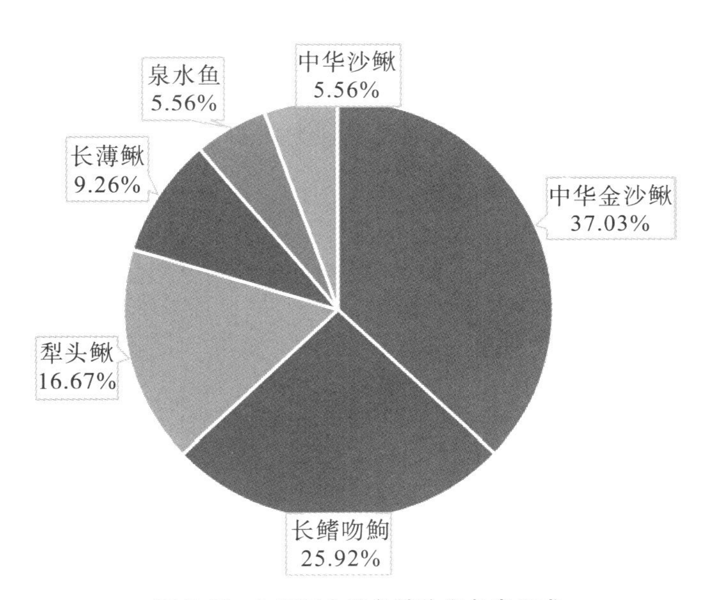

图7.22　9月尾水集鱼箱收集鱼类组成

通过发电阶段集鱼箱试运行初步结果可以发现，尾水集鱼箱具有较好的集鱼效果，共收集到5科13种鱼，其中11种为工程过鱼对象，包括优先过鱼对象长鳍吻鮈，主要过鱼对象中华金沙鳅、长薄鳅，兼顾过鱼对象中华纹胸鮡、鲤、鲫、中华沙鳅、西昌华吸鳅、鲇、犁头鳅、泉水鱼（见表7.3）。从数量上来看，集鱼箱收集到的鱼类99%均为过鱼对象种类。

表 7.3　试运行收集鱼类与过鱼对象比较

过鱼优先级	过鱼对象	试运行收集鱼类
主要过鱼对象	圆口铜鱼、长鳍吻鮈	长鳍吻鮈
次要过鱼对象	细鳞裂腹鱼、齐口裂腹鱼、短须裂腹鱼、长薄鳅、长丝裂腹鱼、昆明裂腹鱼、鲈鲤、中华金沙鳅	长薄鳅、中华金沙鳅
兼顾过鱼对象	华鲮、短身金沙鳅、白缘鉠、中华纹胸鮡、黄石爬鮡、裸体异鳔鳅鮀、鲢、圆筒吻鮈、鲤、鲫、异鳔鳅鮀、前鳍高原鳅、峨嵋后平鳅、重口裂腹鱼、中华沙鳅、铜鱼、岩原鲤、墨头鱼、凹尾拟鲿、细体拟鲿、拟缘鉠、钝吻棒花鱼、西昌华吸鳅、四川华吸鳅、鲇、瓦氏黄颡鱼、泥鳅、蛇鮈、犁头鳅、短体副鳅、张氏鰲、宽鳍鱲、粗唇鮠、切尾拟鲿、泉水鱼、紫薄鳅、红尾副鳅、细尾高原鳅	中华纹胸鮡、中华沙鳅、犁头鳅、西昌华吸鳅、泉水鱼、鲤、鲫、鲇、鰲

7.3　增殖放流

乌东德鱼类增殖放流站是乌东德、白鹤滩水电工程为保护金沙江下游珍稀特有鱼类资源而采取的重要保护措施之一。乌东德鱼类增殖放流站（见图 7.23）位于金沙江右岸下游，距乌东德水电站坝址 4.6km，占地面积 7.7hm^2。近期主要进行长薄鳅、齐口裂腹鱼、圆口铜鱼、鲈鲤放流，长鳍吻鮈、四川白甲鱼、裸体鳅鮀、前臀鮡作为中长期放流对象。除进行放流鱼种的野生亲鱼驯养、亲鱼培育、苗种繁育生产外，增殖放流站还兼顾了一定的科研功能，配备了相应的实验室和养殖试验设备设施，可进行鱼类繁殖、培育等方面的科研试验工作。站内采用循环集约化养殖为主，流水养殖为辅的养殖模式，在实现金沙江下游鱼类保护的同时，实践减排、节水、节地的环保理念，充分体现了增殖放流站生态环保的宗旨。

图 7.23　乌东德鱼类增殖放流站全貌

7.3.1 鱼类增殖放流站设计

7.3.1.1 技术工作流程

按照放流鱼类繁育技术的研究内容，重点开展放流鱼类苗种培育、亲鱼培育、繁育技术的研究工作，逐步完善苗种培育技术、亲鱼培育技术，最终实现放流鱼类的人工繁育，其技术路线如图 7.24 所示。

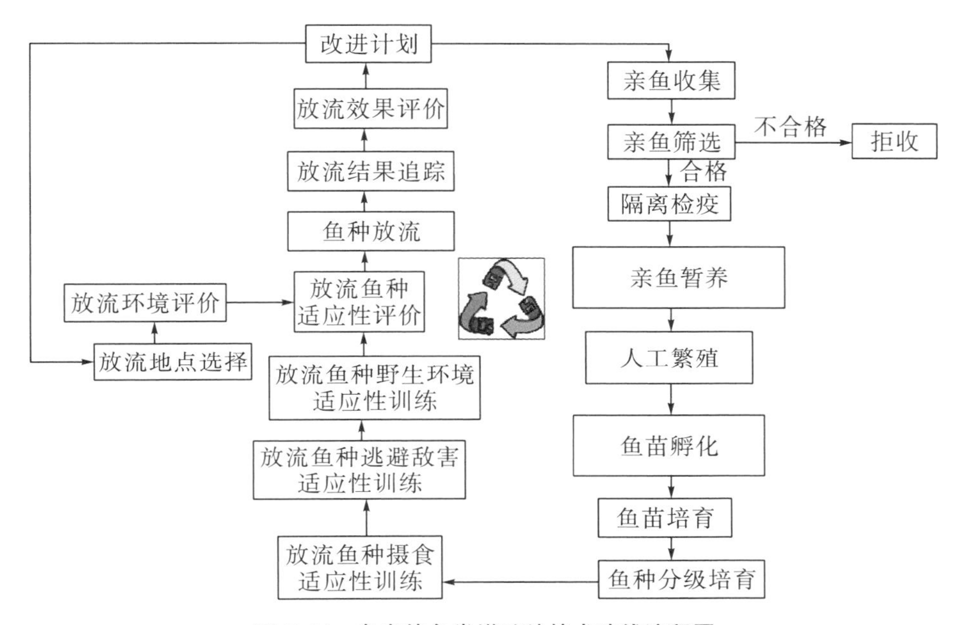

图 7.24 乌东德鱼类增殖站技术路线流程图

7.3.1.2 工艺设计

根据水资源状况，遵循节约人力、能源和水资源的原则，同时兼顾部分野生鱼类的生活习性，采用以循环水养殖模式为主，流水养殖模式为辅的混合养殖模式，以满足乌东德鱼类增殖站放流鱼类苗种培养和野生亲鱼驯养规划。

循环水养殖模式中，养殖用水经过初步沉淀、臭氧消毒和微滤等处理程序后再供养殖系统使用（见图 7.25）。养殖系统将采用半封闭式低耗高效的水处理技术，养殖废水经地埋式水处理设备进行处理后排放。

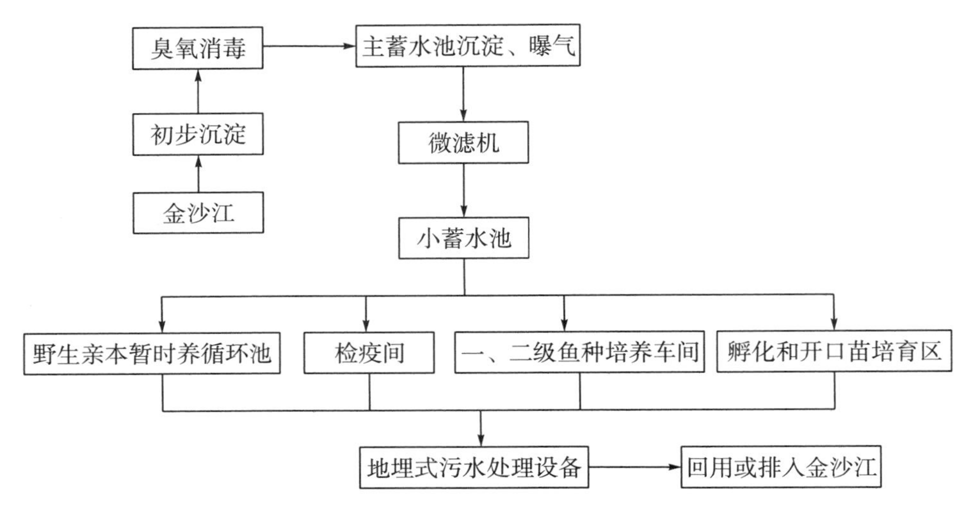

图 7.25　循环水养殖系统水流向图

另外，考虑到部分野生鱼类适应稀养的生活习性，设计部分室内、室外流水鱼池和室外大中型微流水鱼池（见图 7.26），外排水经地埋式水处理设备进行处理后，回收用于站内绿化或达标排放。

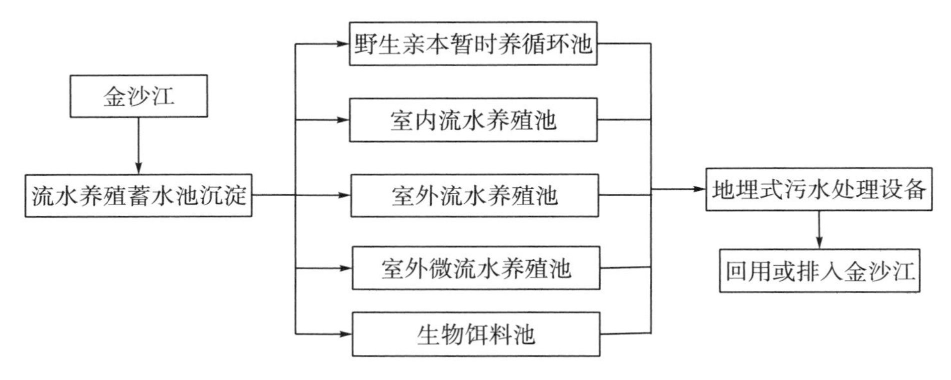

图 7.26　流水养殖系统水流向图

7.3.1.3　建设情况

依据地形条件和工艺设计要求，将场地由北到南、由高至低划分为五个主要台地，其建设的主要功能单元包括：办公生活区、一级鱼种培育车间、二级鱼种培育车间、孵化和苗种培育车间、检疫间、室外流水鱼种池、室外微流水鱼种池、循环水野生亲鱼驯养池、流水野生亲鱼驯养池、循环水亲鱼培育池、活饵料培育池、沉淀池、消毒池、流水蓄水池、循环水蓄水池、小蓄水池，以及取水和养殖供水系统、供电系统等，见表 7.4 和图 7.27。

表 7.4 乌东德鱼类增殖放流站设施建设情况

序号	名称	建筑面积	养殖面积	养殖水体	供水方式	备注
1	办公生活区	1517 m²				2层
2	一级鱼种培育车间	1085 m²	126 m²	50 m³	循环水	40个×3.14 m²/个
3	二级鱼种培育车间	2170 m²	251 m²	300 m³	循环水	2间，20个×12.56 m²/个
4	孵化和开口苗培育车间	1085 m²	15.8 m²	9.5 m³	循环水、流水	20个×0.79 m²/个
			226 m²	158 m³		32个×7.07 m²/个
5	室外流水鱼种池		354 m²	425 m³	流水	28个×12.65 m²/个
6	循环水野生亲鱼驯养池		719 m²	1080 m³	循环水	2个×359.5 m²/个
7	流水野生亲鱼驯养池		321.2 m²	482 m³	流水	
8	循环水亲鱼培育池		781.3 m²	859 m³	循环水	
9	活饵料培育池		730 m²	876 m³	流水	3个
10	室外微流水鱼种池		585 m²	936 m³		
11	沉淀池		540 m²	918 m³		二级沉淀池
12	检疫间	315 m²	196 m²	176 m³	循环水	
13	消毒池		98.4 m²	148 m³		
14	流水蓄水池		1200 m²	2700 m³		
15	循环水蓄水池		600 m²	1350 m³		
16	小蓄水池		50 m²	120 m³		

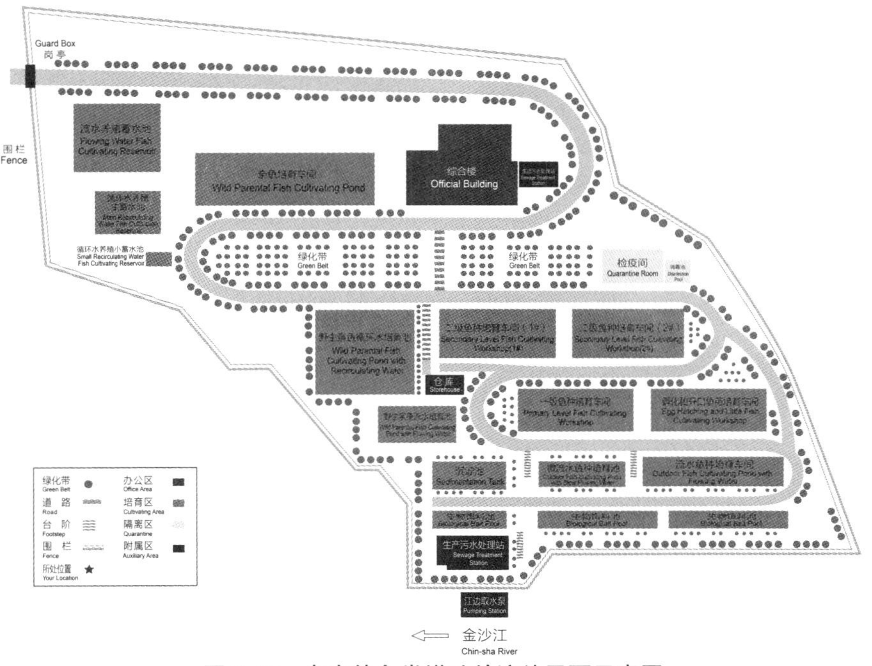

图 7.27 乌东德鱼类增殖放流站平面示意图

7.3.2 放流方案

7.3.2.1 放流技术路线

实施人工放流的主要内容分为三个部分，即放流前准备工作、实施人工放流工作，以及进行效果评价，并进行反馈，以对今后的人工增殖放流工作进行改进。其中放流前准备工作主要由物种鉴定、苗种检疫、苗种标记（见图 7.28）、苗种暂养和苗种运输等节点组成，实施放流工作主要由现场公证、仪式宣传、人工放流以及渔政监管等 5 个主要节点组成。效果分析主要由资源量监测、渔获物分析、标记—重捕分析等内容组成。

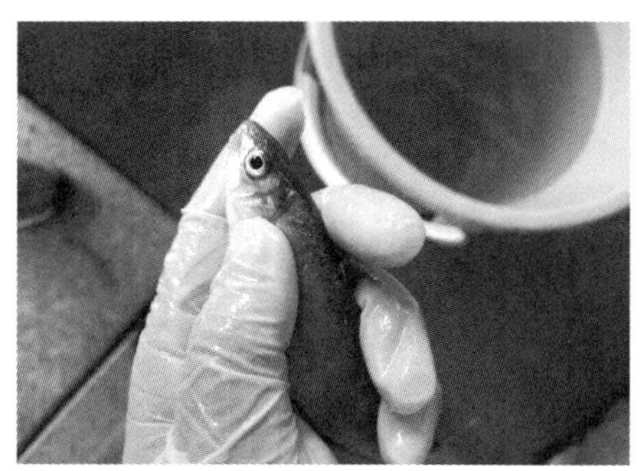

图 7.28　鱼类增殖放流荧光标记

7.3.2.2 放流鱼种来源

增殖放流站的放流鱼种将主要来源于本水域野生亲本繁殖的子一代鱼种。为满足放流任务的要求，苗种将通过捞取野生幼苗、繁殖季节捕捞的成熟野生亲本催产和驯养成功的野生亲本催产 3 种方式获得。

7.3.2.3 放流时间

每年 3～6 月禁渔期和 9～11 月蓄水至高位时可开始人工放流。具体时间根据放流品种生长速度、培育状况及相关准备工作和放流条件而定，一般为每年 9 月份。

7.3.2.4 增殖放流管理与实施

1）放流公证

放流公证在实施人工增殖放流实践中，对放流全程的亲鱼、苗种及放流过程的数量和质量进行监督，见图 7.29。

图 7.29　苗种计量公证

图 7.30　物种鉴定

2）种质检测与鉴定

根据《水生生物增殖放流管理规定》，放流苗种必须是本地种的原（良）种或者子一代，无病无伤，禁止放流杂交种和外来物种。亲本选择、物种鉴别要通过具有资质的鱼类分类专家的技术把关，严格按照相应技术规范进行操作。并由有资质的养殖非运行单位对苗种进行物种鉴定（见图 7.30），出具《苗种质量鉴定报告》，确认苗种质量。

3）放流组织管理

增殖放流由增殖放流站运行单位提供项目实施技术支撑和具体操作，库区周边及沿江有关市县渔政机构和环保管理机构协助配合。放流活动中关于物种鉴定、放流公证、放流鱼种检验检疫由增殖放流站委托物种鉴定机构、公证机构、鱼种检疫机构实施。放流现场的组织运行（放流仪式、新闻报道、市民参与等）由增殖放流站会同各放流点的渔业行政主管部门实施（见图 7.31 和图 7.32）。

图 7.31　放流仪式

图 7.32　放流鱼苗

7.4　分层取水[①]

水温是影响河流水质的关键因素。水电站建成运行后，水库调蓄改变了原有河流的径流过程，由于水体在库内滞留时间延长，在重力和浮力共同作用下，垂向水温呈现出分层现象。特别是多年调节水库或年调节水库，有可能形成稳定的水温分层结构。库表水体由于流动缓慢及受气象等条件作用，表层水温增高、营养物质富集，导致水质变

① 本节部分内容编录长江水资源保护研究所《金沙江乌东德水电站环境保护总体设计报告》。

差，严重时发生“水华”现象。水库中底部水体常年处于低温状态，水库在春夏之交的升温期向下游泄放低温水，在流域水电梯级开发情况下低温水还将产生累积效应，加剧对下游水生环境的影响。水电站引水发电进水口高程通常在水库死水位以下，进水口淹没水深较大，春夏季节水电站下泄水温较天然水温有所降低，下游低温水恢复距离长约100km以上，从而带来一系列低温水影响，将影响河道鱼类的产卵繁殖、生长发育甚至导致物种的消失，造成灌溉农业物减产等。

随着社会公众环境保护意识的增强和对低温水危害认识的提高，越来越多的水温分层水库都需要采取措施以避免或减少低温水的影响，其中最有效也是最直接的工程措施是对水库实施分层取水，以取用水库表层温水。

7.4.1 乌东德分层取水设计①

乌东德水电站左、右岸各安装6台单机容量850MW水轮发电机组，每台机组进水口依次布置有拦污栅、叠梁门、检修门、快速门。每个机组进水口拦污栅以5个隔墩将其分为6个拦污栅孔，每个栅孔顺水流依次设置一道工作栅槽和一道备用栅槽，在需要分层取水时，利用备用拦污栅槽启闭分层取水叠梁门实现分层取水。

分层取水叠梁可同时采用进水口坝顶2×2000/1100/1100kN双向门机回转吊借助自动抓梁和增设的专用分层取水闸门250/150kN双向门机的主钩和回转吊借助自动抓梁进行操作，见图7.33。栅槽底坎高程916.50m（左岸）、913.00m（右岸），坝顶高程988.00m，孔口尺寸4.5m×36m（左岸）、4.0m×40m（右岸）。叠梁门结构型式为平面滑动闸门，闸门面板、梁系结构材质Q235B。闸门面板布置在进水口下游面，主横梁为钢板焊接工字型组合结构，纵隔梁系为T型焊接结构，门体结构正、反向均布置滑块支承，正、反向支承滑块材料为复合材料MBJ，闸门结构不设置止水装置。

叠梁门共分成8节，其中左岸叠梁门由7节4m高、1节8m高叠梁组成，闸门总高36m；右岸叠梁门由6节4m高、2节8m高叠梁组成，闸门总高40m。最大门体宽度5.0m，支承跨度4.8m，单节叠梁门重量为7400kg（4m节）、15100kg（8m节），见图7.34。

① 本节摘录长江勘测规划设计研究有限责任公司《金沙江乌东德水电站分层取水·叠梁门运行规程》。

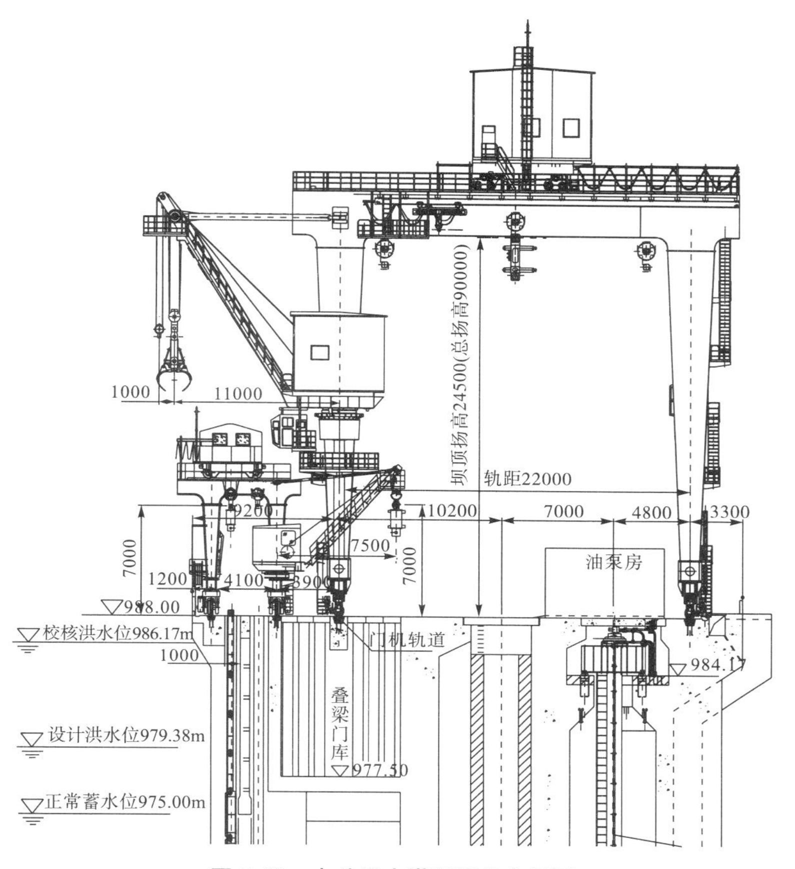

图 7.33　电站进水塔顶门机布置图

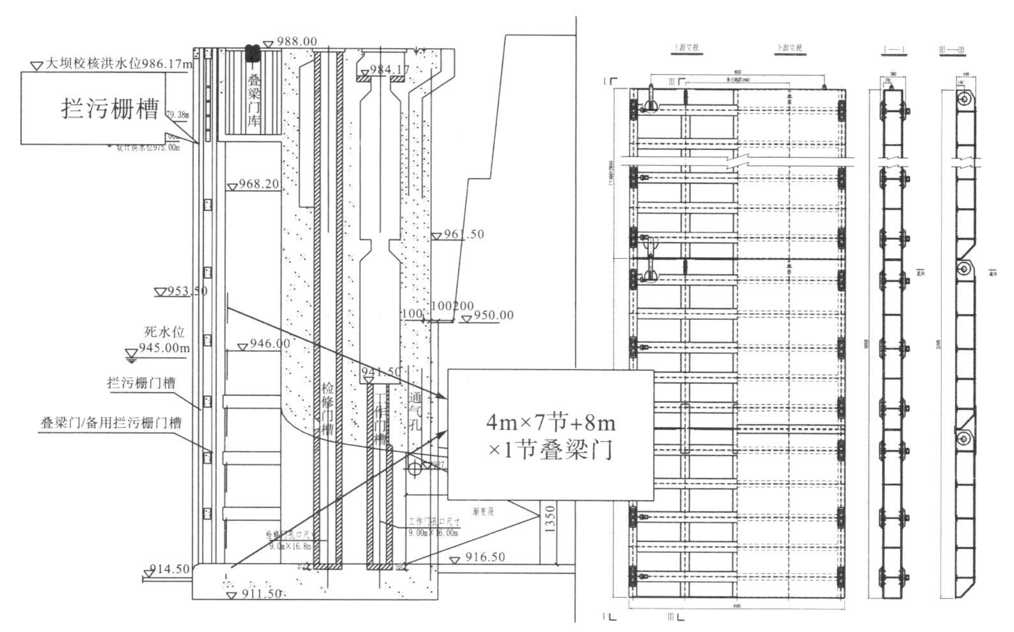

图 7.34　左岸进水口叠梁门布置形式

计算结果表明，乌东德水电站采取叠梁门分层取水措施后，3～5 月对低温水的改善效果明显，乌东德水电站下泄水温分别提高 0.9℃、1.1℃、0.8℃。乌东德水电站进水口分层取水叠梁门主要技术参数见表 7.5。

表 7.5　进水口分层取水叠梁门设备主要技术参数

名　称	特　征
闸门型式	平面滑动叠梁
叠梁门节数（节）	8×36（左岸）、8×36（右岸）
孔口尺寸：宽×高（m）	4.5×36（左岸）、4.0×40（右岸）
闸门尺寸：宽×高×厚（m）	5.0×8/4×0.7（左岸）、4.5×8/4×0.7（右岸）
底坎高程（m）	916.50（左岸）、913.00（右岸）
坝顶高程（m）	988.00
叠梁设计水头差（m）	6
单节叠梁承受最大总水压力（kN）	810
单节叠梁启门方式	静水条件下启门
单节叠梁闭门方式	静水条件下闭门
单节叠梁最大启门力（kN）	386
吊点型式	双吊点
吊点间距（m）	2.4
机械定位销间距（m）	4.0（左岸）、3.8（右岸）
起吊单元尺寸（宽×高，m）	5.0×8.0
起吊单元结构最大重量（t）	15.1

7.4.2　叠梁门调度运行方案

7.4.2.1　叠梁门调度运行时间

根据坝下游水生态保护要求及叠梁门调度运行方案，在 3～6 月份采用分层取水。其他月份不启用叠梁门。

7.4.2.2　叠梁门调度运行原则

在取水库表层水满足下游生态要求的同时，应保证进口不产生有害漩涡流态，满足机组引水安全要求。根据水工模型试验成果，机组引用额定流量时，为保证引水安全，库水位 945.00m 时，叠梁门顶淹没水深不应小于 16.0m；库水位 952.00m 时，叠梁门顶淹没水深不应小于 19.0m；库水位 975.00m 时，叠梁门顶淹没水深不应小于 22.0m。因此，在不同库水位下，尽量保证叠梁门门顶淹没水深不低于以上最小淹没水深是叠梁门调度运行的基本原则。

7.4.2.3　叠梁门调度运行方案

因不同水文年入库水量和运行水位有所差异，运行时应结合水库水位运行调度方案进行分层取水实时调度，灵活确定叠梁门挡水总高度，实现分层取水效果最大化。根据乌东德水库正常运行后各代表年（平水年）水位过程，拟定了叠梁门调度方式及相应门顶高程，具体如下。

左岸：库水位在975.00m及以上时，放置全部叠梁，其中节高8m的1节叠梁放置在底部，节高4m的7节叠梁放置在上部，叠梁门总高36m，门顶高程为952.50m。库水位自975.00m下落至952.00m过程中，根据库水位逐节提起节高4m的叠梁，保证门顶淹没水深不小于22m。库水位为952.00m时，至少提起5节4m高的叠梁，保证门顶淹没水深不小于19.5m；库水位在952.00～945.00m时，再提起一节4m高叠梁门，保证门顶最小淹没深度不小于16.5m，见表7.6。

表7.6　水库水位消落期间左岸进水口分层取水叠梁门调度运行方式

库水位（m）	叠梁门节数（节）	叠梁门设置	叠梁门高度（m）	门顶高程（m）	淹没深度（m）
≥975	8	4m×7+8m×1	36	952.50	≥22.5
[975～971)	7	4m×6+8m×1	32	948.50	[22.5，26.5)
[971～967)	6	4m×5+8m×1	28	944.50	[22.5，26.5)
[967～963)	5	4m×4+8m×1	24	940.50	[22.5，26.5)
[963～959)	4	4m×3+8m×1	20	936.50	[22.5，26.5)
[959～955)	3	4m×2+8m×1	16	932.50	[22.5，26.5)
[955～952)	3	4m×2+8m×1	16	932.50	[19.5，22.5)
[952～945)	2	4m×1+8m×1	12	928.50	[16.5，23.5)

右岸：库水位在975.00m及以上时，放置全部叠梁，其中节高8m的2节叠梁放置在底部，节高4m的6节叠梁放置在上部，叠梁门总高40m，门顶高程为953.00m。库水位自975.00m下落至952.00m过程中，根据库水位逐节提起节高4m的叠梁，保证门顶淹没水深不小于22m。库水位为952.00m时，至少提起5节4m高的叠梁，保证门顶淹没水深不小于19m；库水位在952.00～945.00m时，再提起一节4m高叠梁，保证门顶最小淹没深度不小于16m，见表7.7。

表7.7　水库水位消落期间右岸进水口分层取水叠梁门调度运行方式

库水位（m）	叠梁门节数（节）	叠梁门设置	叠梁门高度（m）	门顶高程（m）	淹没深度（m）
≥975	8	4m×6+8m×2	40	953.00	≥22
[971，975)	7	4m×5+8m×2	36	949.00	[22，26)
[975～971)	6	4m×4+8m×2	32	945.00	[22，26)
[971～967)	5	4m×3+8m×2	28	941.00	[22，26)
[967～963)	4	4m×2+8m×2	24	937.00	[22，26)

续表7.7

库水位（m）	叠梁门节数（节）	叠梁门设置	叠梁门高度（m）	门顶高程（m）	淹没深度（m）
[963～959)	3	4m×1+8m×2	20	933.00	[22，26)
[959～955)	3	4m×1+8m×2	20	933.00	[19，22)
[955～952)	2	8m×2	16	929.00	[16，23)

7.4.3　分层取水闸门下闸试验

7.4.3.1　试验准备

（1）门机回转吊及分层取水闸门启闭用抓梁调试完毕，穿脱销装置灵活可靠，满足运行条件。

（2）满足1套运行的分层取水闸门已安装完毕。

（3）相关安全措施准备就绪，如安全带、安全绳、防护围栏。

（4）门叶上及门槽内所有杂物已清除干净。

7.4.3.2　试验过程

闭门主要施工过程如下：门机回转吊将分层取水闸门液压抓梁连接，从底节（8m节）依次向上至顶节顺序进行分层取水闸门闭门。测量闸门闭门时间的原则为：抓梁与本节闸门穿销开始计时，本节闸门下到底，抓梁脱销并起升，然后与下一节闸门开始穿销即为本节闸门闭门所用时间。

启门主要施工过程如下：门机回转吊将分层取水闸门液压抓梁连接，从顶节依次向下至底节（8m）顺序进行分层取水闸门启门。测量闸门启门时间的原则为：抓梁从EL988m孔口开始入槽进行计时，至抓梁将闸门提升放置门库并脱销完成即为本节闸门启门所用时间。

图7.35　分层取水闸门

图7.36　分层取水闸门启闭

2020年7月6日、8月15日、8月16日进行了本试验，单孔共计8节闸门门叶启闭机时间统计见表7.8和表7.9。

表 7.8　左岸进水塔分层取水闸门闭门时间统计

管节	日期	运行高度（m）	闭门		时长（min）	抓梁运行速度		备注
			开始时间	结束时间		闭门	脱销后上升	
底节	2020.7.6	71.5	9：24	10：28	64	二挡	三挡	
第 7 节	2020.8.15	63.5	9：36	10：34	58	二挡	三挡	
第 6 节	2020.8.15	59.5	12：02	12：54	52	二挡	三挡	
第 5 节	2020.8.15	55.5	13：02	13：52	50	二挡	三挡	
第 4 节	2020.8.15	51.5	14：45	15：30	45	二挡	三挡	
第 3 节	2020.8.15	47.5	16：34	16：15	41	二挡	三挡	
第 2 节	2020.8.15	43.5	16：19	16：57	38	二挡	四挡	
第 1 节	2020.8.15	39.5	17：05	17：40	34	二挡	四挡	
合计					382			

表 7.9　左岸进水塔分层取水闸门启门时间统计

管节	日期	运行高度（m）	闭门		时长（min）	抓梁运行速度		备注
			开始时间	结束时间		抓梁空钩下落	启门	
第 1 节	2020.8.16	39.5	8：45	9：18	33	二挡	三挡	
第 2 节	2020.8.16	43.5	9：26	10：03	37	二挡	三挡	
第 3 节	2020.8.16	47.5	10：11	11：53	42	二挡	三挡	
第 4 节	2020.8.16	51.5	13：00	13：45	45	二挡	三挡	
第 5 节	2020.8.16	55.5	13：51	14：39	48	二挡	三挡	
第 6 节	2020.8.16	59.5	14：45	15：37	52	二挡	三挡	
第 7 节	2020.8.16	63.5	15：43	16：41	58	二挡	三挡	
底节	2020.8.16	71.5	16：47	17：50	63	二挡	三挡	
合计					378			

7.4.4　水温监测系统

水温在线监测系统可实现对天然情况、工程蓄水过程以及运行初期的水温实时监测，积累详实的基础数据，为后期叠梁门运行调度、下游河段鱼类保护提供基础支撑。

7.4.4.1　施工区水温在线监测系统

生态水温在线监测系统包括左右岸进水塔、坝前及左右岸尾渠水部位的 8 条测线。具体监测设施情况如下，测线布置示意图见图 7.37，监测设施统计表见表 7.10。

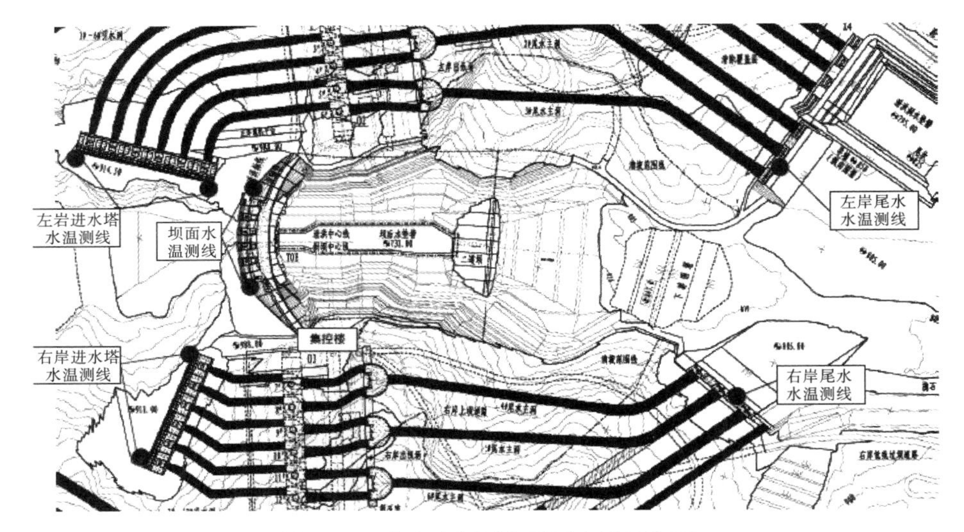

图 7.37 生态水温测线平面布置示意图

表 7.10 水温在线监测系统监测设施统计

部位	测线	测点数量（支）
左岸电站进水塔	1 号进水塔墩	21
	6 号进水塔墩	21
右岸电站进水塔	7 号进水塔墩	22
	12 号进水塔墩	22
大坝	5 号坝段	48
	10 号坝段	48
电站尾水渠	左岸尾水	3
	右岸尾水	3
合计		188

（1）在左岸电站进水塔 1 号、6 号墩侧面各布置有 1 条垂向水温测线，水温监测范围为高程 916～974m，其中高程 916～952m 每 4m 设置 1 个测点，高程 952～974m 每 2m 设置 1 个测点，1 条测线上布置 21 个测点，两条测线共布置 42 个测点，测点布置见图 7.38。

（2）在右岸电站进水塔 7 号、12 号墩侧面各布置有 1 条垂向水温测线，水温监测范围为高程 913～975m，其中高程 913～953m 每 4m 设置 1 个测点，高程 953～975m 每 2m 设置 1 个测点，1 条测线上布置 22 个测点，两条测线共布置 44 个测点，测点布置见图 7.39。

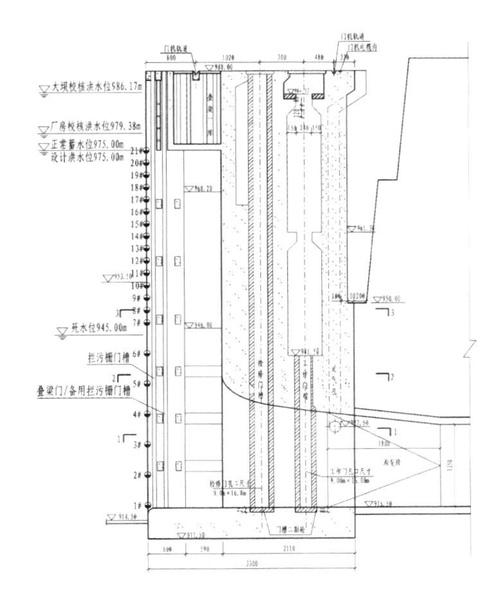

图 7.38　左岸进水塔垂向水温监测点位分布

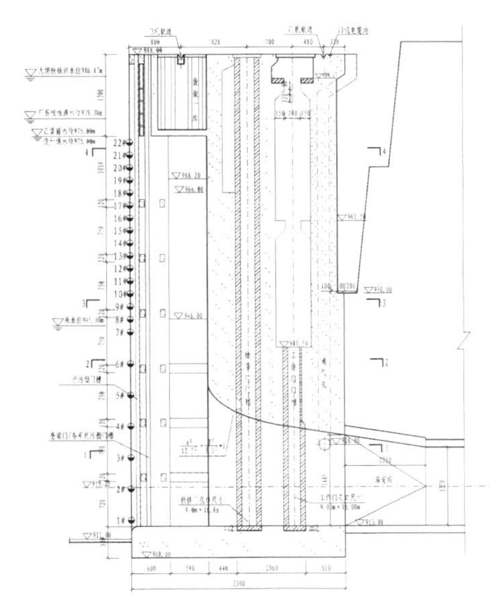

图 7.39　右岸进水塔垂向水温监测点位分布

(3) 在大坝5号、11号坝段上游面各布置有1条垂向水温测线，水温监测范围为高程785～975m，其中高程785～945m每5m设置1个测点，高程945～975m每2m设置1个测点，1条测线上布置48个测点，两条测线共布置96个测点。

(4) 在左、右岸尾水各布置有1条水温测线，每条测线布置3个测点，共6个测点。测线上测点的布置高程分别为819m、822m和825m。

生态水观测的温度计均为热敏电阻式温度计，量程－30℃～＋70℃，精度±0.2℃，灵敏度0.1℃，稳定性≤0.1%/年，绝缘电阻≥100MΩ。

7.4.4.2　水温在线监测系统

1) 水温在线监测系统

乌东德水电站生态水温在线监测系统由前端传感器、现地采集站和中心站组成。前端传感器包含188个温度测点，分布在左岸和右岸进水塔、大坝坝段及左右岸尾水渠部位的8条测线（见图7.40）。现地采集站内安装MCU（见图7.41）、现地交换机、电源及光纤配线盒等附件，就近部署在前端监测设施旁，全站共设置8个现地采集站。中心站负责现地采集站数据的收集与汇总，中心站设备布置在集控楼辅助盘室，包括1台数据采集服务器和1台汇聚交换机，中心站设备组柜安装，盘柜尺寸为800mm×800mm×2260mm。

图 7.40　水温测线

图 7.41　数据读取设备 MCU

生态水温在线监测系统采用单星型千兆以太网结构，中心站汇聚交换机与现地采集站交换机间通过单模光纤连接，中心站服务器提供 1 路 HDMI 信号至集控楼大屏幕系统，以实现在中控室大屏上显示相关水温监测数据。数据采集服务器通过以太网与乌东德水电站主设备状态在线监测趋势分析系统中的集控楼汇聚交换机连接，向其传送水温监测数据。水温在线监测系统网络结构见图 7.42。

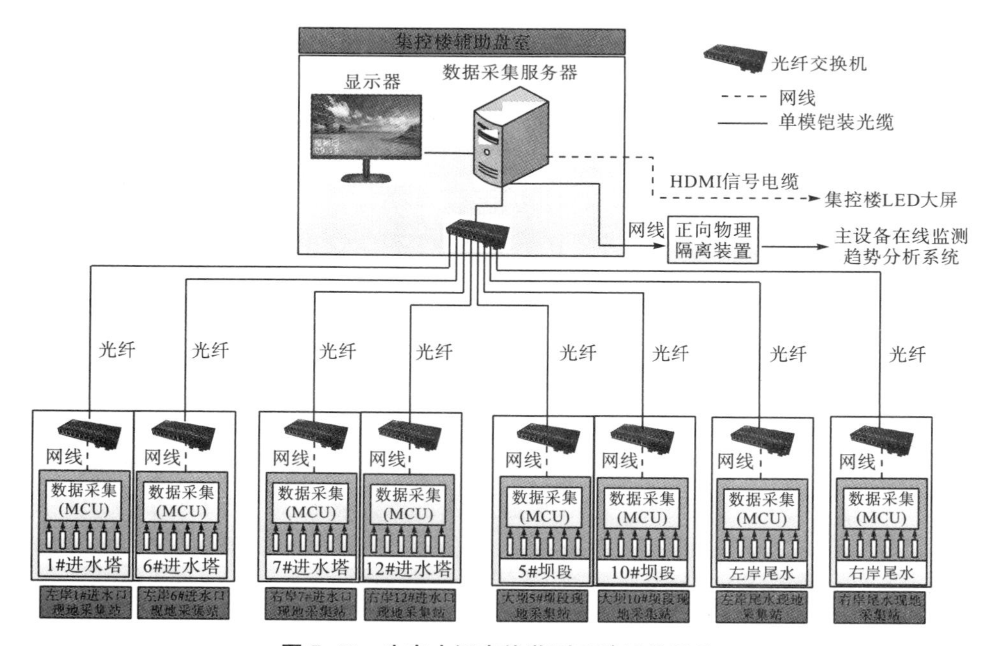

图 7.42　生态水温在线监测系统网络结构

乌东德水电站水温在线监测系统具有相对独立的数据管理和传输方式，各断面监测数据采集后集中储存于水电站计算机监控系统，并利用各个模块/单元集成一个相对独立的子系统嵌入电站计算机监控系统中，可在中控室模拟返回屏上或其他显示屏上设置独立的界面显示，可显示不同断面水温变化曲线，见图 7.43。

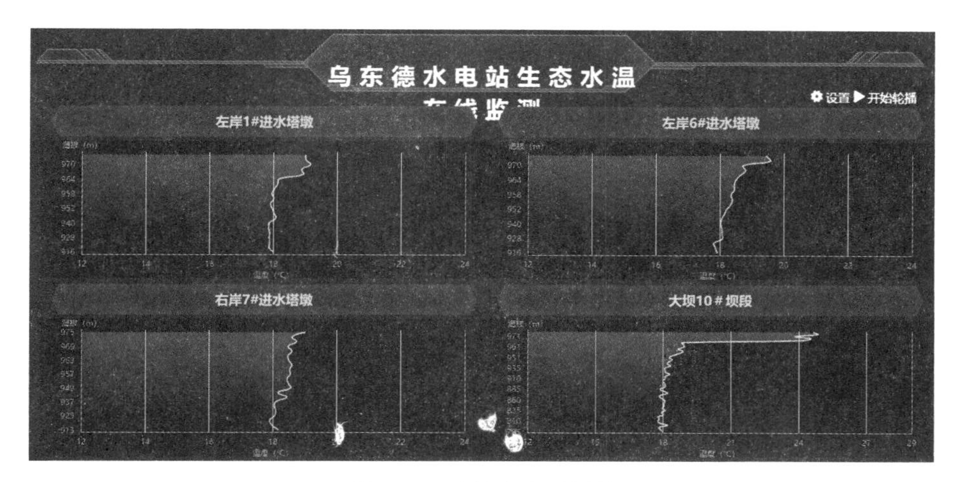

图 7.43　中控室实时显示

思考与练习题

（1）生态流量的作用是什么？简述几种常用的生态流量计算方法。

（2）不同水电工程生态流量保障措施不一致，乌东德水电站初期蓄水期间是如何保证生态流量的？

（3）国内外通用的过鱼设施类型有哪些？其适用性和主要优缺点是什么？

（4）水电工程增殖放流站设计的核心指标是水量和水质，你认为增殖放流站选址的时候要考虑哪些因素？

（5）如何平衡分层取水叠梁门运行与发电的关系？叠梁门的结构形式和运行效率是否可以进一步优化？

第三篇　大中型水利水电工程环境监理

第8章　大中型水利水电工程环境监理

环境保护是我国一项重要的基本国策，自20世纪80年代以来，我国工程建设项目逐步形成了环境影响评价制度、“三同时”制度和排污许可制度等为主的环境管理制度。这种模式注重“事前监督”和“事后验收”，即注重项目环保审批和竣工验收环节。项目施工阶段是薄弱环节，环境保护工作具有明显的“哑铃”特点。2002年原国家环保总局联合六部、局、公司发布了《关于在重点建设项目中开展环境监理试点的通知》（环发〔2002〕141号），要求在13个工程中推行环保监理试点工作；2012年国家环保部发布了《关于进一步推进建设项目环境监理试点工作的通知》（环办〔2012〕5号），明确了水利水电项目要开展环境监理工作。根据中央生态文明体制改革精神，2015年12月环境保护部发布了《建设项目环境保护事中事后监督管理办法》，在国家层面正式明确了建设项目环境监理制度。2016年4月环境保护部发布废止环办〔2012〕5号文，环境监理试点工作正式终止，环境监理工作正式纳入国家和各级环保部门环境管理工作内容。

8.1　环境监理规划①

8.1.1　环境监理目标、范围、任务

8.1.1.1　监理目标

（1）环境影响报告书提出的环境保护措施得到切实执行，并满足设计要求，施工期不利生态环境影响得到缓解或消除，工程建成后区域生态环境得以保护、恢复与改善。

（2）主体工程按“三同时”要求，监督环境保护措施得以顺利实施。

（3）工程环境保护投资得到合理和有效的利用，以充分发挥工程的潜在效益，并能满足环境保护的要求。工程变更符合环境保护相关规定，工艺变化满足设计要求和环境标准，不利环境影响控制在可接受范围内。

（4）环境保护信息资料的收集、整理和归档，满足对环境影响报告书及批复文件回应、工程环境管理及工程档案资料管理的要求。

（5）建设项目各项环境保护工作满足工程竣工环境保护验收要求，实现工程建设的

① 本节部分内容编录长江水资源保护科学研究所《金沙江乌东德水电站工程环境监理规划》。

环境效益、社会效益与经济效益的统一。

8.1.1.2 监理任务

环境监理任务主要如下：

（1）协助甲方落实国家环境保护部及地方相关部门对工程环境保护的有关要求，负责核实设计文件与环境影响报告书及其批复文件的相符性，协助甲方进行有关环保工程的设计和招标相关工作，负责审核工程监理单位和施工单位报送环保、水保设施施工和整改文件，开展环保技术文件交底，向甲方提供咨询服务意见。

协助工程监理单位进行施工区环境保护设施的工程监理工作，督查各参建单位按照环境影响报告书及其批复文件的要求，落实各项环保措施，确保环保措施“三同时”的有效执行。

（2）根据工程环境保护要求，负责编制环境监理工作任务大纲和年度工作计划。

（3）建立环境保护监理工作制度，定期组织参建各方召开环保工作例会。

（4）在甲方授权范围内，负责工程施工区已建专项环保设施的运行监理（如污水处理站、垃圾清运等），负责后期甲方指定安排的专项环保设施的监理。

（5）开展环保监测项目的监理，检查环境监测计划的落实情况，对环境监测方案进行技术审核，对环境监测数据和监测报告进行分析，并提出复核意见。

（6）负责施工区日常环保工作巡视和检查。监督检查各类环保设施的建设和运行情况，检查各种污染物排放是否达到环境保护标准要求，对现场发现的问题提出合理化意见，编制监理日记。

（7）负责相关环境监理的各项信息数据收集、统计、分析，组织编制环境监理相关简报、月报、季报、年报等，建立完整的环保监理资料档案。

（8）开展环保宣传、培训、考核工作。

（9）开展单项工程环境保护完工验收，并提出相应的验收意见。

（10）协助甲方做好环境保护阶段验收和竣工验收，负责编制环境监理总结报告。

（11）协助甲方配合各级环保行政主管部门的监督检查。

（12）负责其他与环保有关的监理工作。

8.1.2 环境监理机构与各方的关系

8.1.2.1 与业主（甲方）的关系

受甲方委托组建环境监理部，全面负责工程环境监理工作。环境监理部以独立第三方身份开展环境监理工作。

8.1.2.2 与承包商的关系

环境监理对承包商在建设过程中的环境保护工作执行情况进行监督和管理。

8.1.2.3 与工程监理单位的关系

工程监理负责主体工程建设的监理，包括监理承包商的环境保护设施和措施。环境监理单位与工程监理单位是相互配合、互为补充的工作关系，环境监理单位充分借鉴和利用工程监理的监理体系，及时与工程监理沟通。对现场存在的环境问题，环境监理报送甲方，甲方向工程监理发出工作指令，工程监理负责督促承包商进行整改，环境监理与工程监理负责监督与检查落实。

8.1.3　环境监理主要人员及岗位职责

8.1.3.1　环境总监理工程师职责

（1）主持编制环境保护监理规划，制定监理部规章制度。

（2）明确监理部环境监理人员的职责权限，协调监理部内部工作。环境总监理工程师不在现场时，可授权副总监理工程师开展相关工作。

（3）指导副总监理工程师开展现场监理工作，并负责环境监理人员的工作考核。

（4）主持环境保护第一次工地会议、例会和专题会议。

（5）签发环境监理文件。

（6）检查环境监理日志，组织编写并签发环境监理月报、季报、环境监理专题报告。

（7）主持编写竣工环境监理总结报告和环境监理文件移交工作。

8.1.3.2　环境副总监理工程师的职责

（1）编写项目环境监理实施细则。

（2）协调与各方的关系，起草环境问题通知单、工作联系单。

（3）参加业主或各级主管部门举办的各类环境保护相关会议。

（4）安排、指导、检查环境监理工程师的工作。

（5）总监理工程师不在现场时，代替总监理工程师全面主持现场环境监理工作。

（6）完成总监理工程师指定的其他工作。

8.1.3.3　环境监理工程师的职责

（1）编写环境保护监理规划。

（2）审核承包商施工组织设计中的环境保护措施和专项环境保护措施计划。

（3）检查承包商的环境保护措施的落实情况，核实承包商环境保护相关原始记录，并做好监理记录。对发现的环境问题及时通知承包商。

（4）收集、汇总、整理环境保护监理资料，编写环境监理月报、季报、环境监理专题报告，填写环境监理日志。

（5）现场发生重大环境问题或遇到突发性环境影响事件时，及时向环境总监理工程师报告和请示。

（6）完成总监理工程师和副总监理工程师指定的其他工作。

8.1.4　环境监理人员守则及廉洁自律规定

8.1.4.1　环境监理工作守则

（1）认真学习掌握环境保护的相关法律、法规、政策、标准。

（2）积极主动学习最新的环境监理以及环境保护专业技术知识，不断提高业务能力和监理水平。

（3）热爱环境监理本职工作，熟悉环境监理业务，掌握环境监理工作程序和工作方法，认真履行环境监理合同中规定的义务和职责。

（4）正确行使环境监理职权，坚持原则，清正廉洁，自觉抵制不正之风，严格遵守监理工作的行为规范和职业道德。

（5）服从环境监理工作分配，积极主动完成环境监理任务。

（6）熟悉工程的环评要求和环保设施措施设计，一丝不苟地按环评要求、环保设计、环境保护目标进行环境监理。

（7）深入现场检查、分析和处理问题，尤其是检查环境保护设施措施效果，要讲求依据和让数据说话，坚持实事求是的科学态度。

（8）准确迅速报告环境监理工作情况，及时妥善处理相关环境保护问题。

（9）对于业主或施工承包商提供的暂不公开的信息和意见应保密，未经对方允许不得随意公开或传播。

（10）因环境监理过失造成重大环境影响事故，按合同规定承担相应的责任，并对当事人进行处理，或撤换不称职的监理人员。

8.1.4.2 环境监理廉洁自律规定

环境监理部成员在环境监理过程中，应本着“严格监理、热情服务、秉公办事、一丝不苟、廉洁自律”的原则，坚持“公开、公正、公平、诚信”的处事准则，开展廉政教育，严格遵守廉洁自律规定。

（1）不利用职务之便和工作关系谋取私利、索贿，不发生渎职的现象。

（2）不泄露工程和业主的秘密，忠实履行职责，对业主负责。

（3）不得因得到承包人关照而放松或降低环境质量要求。

（4）杜绝不给好处不办事的不正之风。

（5）自觉抵制各种低俗的娱乐方式，不接受承包人邀请出入娱乐场所。

（6）不以开会为名，绕道观光旅游，不以各种名义吃喝送礼。

（7）不在施工、监理单位报销任何应由本单位或个人支付的费用。

（8）严格按照合同规定，在授权范围内实事求是工作。

（9）自觉遵守环境监理部工作、生活纪律，不发生损害监理部以及单位形象和造成不良影响的行为。

8.1.5 环境监理工作程序与工作内容

8.1.5.1 环境监理工作程序

结合工程实际，环境监理从准备进场到完成合同任务后离场，按照如下程序开展工作：

（1）签订环境保护监理合同，明确环境保护监理工作范围、内容和责权，组建环境保护监理机构，选派总监理工程师、监理工程师、监理员和其他工作人员。

（2）熟悉环境保护有关的法律、法规、规章以及技术标准，充分收集工程环境影响报告书及其审批文件、环境保护设计文件和其他工程基础资料，在现场查勘与环境复核的基础上编制环境监理规划。

(3) 进行环境监理工作交底。

(4) 编制环境监理细则、环境监理年度工作计划。

(5) 实施环境监理工作，同步编写环境监理月报、季报、年报。

(6) 督促相关单位整理、归档环境保护资料，参与工程合同项目完工验收、阶段验收，签署环境监理意见。

(7) 协助业主组织开展工程竣工环境保护验收，编制环境监理工作总结报告，移交环境监理档案资料。

8.1.5.2　环境监理工作内容

1) 设计阶段环保核查

(1) 对主体工程设计与环境影响报告书及其审批文件的相符性进行复核，重点分析工程的总布置、规模和工艺流程等内容，变更的记录及变更理由、方案，对照国家相关文件，工程如有重大变更，提醒甲方按照环保法和环境保护程序的要求，补充开展环境保护评价工作，提出相应的环境保护措施。

(2) 从环境保护的角度审查工程建设项目的布局情况，对布局不合理，容易产生污染的项目，尤其对涉及生态环境敏感区的工程内容，提出对策和建议。

(3) 对环境保护实施和措施落实情况进行复核，提醒甲方及时补充未落实内容，并对已落实内容设计文件与环评措施的符合性进行审查，如与环评要求变化较大，则根据工程实际提出修改或优化设计的建议。

(4) 在监理报告中记录变更情况，并提醒甲方按照要求向相关部门备案。

2) 施工准备阶段环境监理

(1) 审查施工招标文件、施工承包合同中环境保护专项条款，审查施工单位编制的施工污染防治方案，包括环境保护工程的施工工艺、材料以及进度安排等内容，督促施工单位建立有效的环境保护管理责任体系。

(2) 向甲方、施工单位进行环境保护和环境监理工作交底，阐述项目的环境保护目标，明确环境保护相关要求和各标段环境保护工作重点，并建立沟通网络。

(3) 检查登记承包人进场设备与材料的环境指标，提出有关环境保护的要求。

(4) 参与审查工程合同项目的开工申请，检查落实施工单位设施和措施以及有关环境保护的准备工作。

(5) 结合工程实际情况，编制环境监理细则和环境监理年度工作计划。

3) 施工期环境监理

在工程项目实施阶段，重点检查环境保护“三同时”制度的执行情况。主要监理工作如下：

(1) 检查施工单位环境保护管理体系运行、合同环境保护条款与日常环境保护措施执行情况，要求承包人加强施工现场环境管理，并做好施工中有关环境的原始资料收集、记录、整理和总结工作。

(2) 检查生态保护措施实施情况、生活供水保护措施落实情况、施工期污染防治设施和措施“三同时”执行情况、人群健康保护情况，以及环境影响报告书要求的其他环境保护措施落实情况。

(3) 对环境监测工作及甲方指定的环境保护专项工程进行监理，对已建环保专项设施的运行进行监理。

(4) 监督检查施工过程中环境保护措施是否按设计文件、合同条款落实。

(5) 参加甲方召开的环境保护工作例会或召开环境监理专题会议，向相关各方提出环境保护要求。

(6) 审核环境监测方案以及环境监测成果，对照分析施工区环境保护措施实施效果是否满足要求，对出现的问题采取相应的环保措施。

(7) 参与调查处理环境污染事故或环境污染纠纷。

(8) 协调各方有关环境保护的工作关系和有关环境问题的争议。

(9) 参与合同项目完工验收、专项环境保护工程验收、工程阶段性验收及施工区环境保护宣传、培训、考核等工作。

(10) 收集与主体工程一并发包的环境保护工程完成情况、投资完成情况，工程质量等资料，并形成报表。

(11) 建立环境监理档案资料，包括巡视记录、监理日志、会议纪要、监理业务往来文件和影像资料等。

(12) 编写提交环境监理月报、季报、年报，结合施工区环境状况和存在的问题提交不定期专题报告。

4) 试运行期环境监理

(1) 对主体工程及配套环境保护设施运行情况、施工临时用地清理和恢复情况、生态保护措施实施情况及各类环境保护管理制度、事故应急预案的执行情况等进行梳理汇总，并结合现场检查，对遗留问题提出整改建议。

(2) 试运行结束后，汇总各项环境保护工作内容，编制环境监理工作总结报告，同时向业主移交环境监理资料。

5) 竣工环保验收相关工作

(1) 配合业主完成主体工程各阶段环境保护验收工作，配合完成相关专项工程环境保护验收工作。

(2) 在环境保护行政主管部门组织的验收审查会上汇报环境监理情况。

3) 协助业主对环境保护验收审查会提出的问题进行整改。

8.1.6 环境监理工作要点

大型水利水电工程通常工程规模巨大，项目众多，施工时间长，工程施工期环境监理工作涉及面广、专业性强、任务繁多。环境监理在进场初期、工程施工期、工程完工验收阶段的工作要点各不相同。

8.1.6.1 进场初期环境监理工作要点

1) 核查工程实际建设情况与环境评价文件的相符性

环境监理进场后，对照主体工程及配套工程的环境影响报告书及审批文件，及时核查工程实际建设情况与环境评价文件的相符性。重点核查内容为：工程建设内容是否发生重大变化；各项环境保护措施和设施是否按环评要求落实到位；枢纽工程区周边的环境敏感目标是否发生变化。

对工程建设内容发生重大变化的，提醒建设单位补充开展环境影响评价工作；对环境保护措施和设施未按环评要求落实到位的，要求相关单位采取补救措施或替换措施；对枢纽工程区周边的环境敏感目标发生变化的，关注新出现的环境敏感目标，补充制定相应的环境保护措施。

2）建立环境管理体系，开展技术培训

环境监理进场须协助各施工承包商和工程建设监理单位完善环境管理组织体系。主要的施工承包商须按照环境监理要求，明确各项目环境保护工作总负责人，以及具体从事环境保护工作与环境监理工作衔接的责任人。主要的建设监理机构，须明确由总监或副总监对环境保护工作负责，各个施工项目中负责环境保护工作并与环境监理工作对接的监理工程师。

建立环境管理体系后，环境监理部应开展面向施工承包商和建设监理单位的集中培训或单独培训。培训重点为介绍环境监理工作制度，讲解环境评价文件提出的环保措施、各施工项目环保工作重点，填报环境管理报表的方法。

8.1.6.2　施工现场环境监理工作要点

1）施工环境监理要点

工程施工环境监理过程中，关注重点为环境标准（环境质量标准和污染物排放标准）的执行情况、环保措施按环保“三同时”要求落实情况，环保设施的正常运行情况等。

2）必须处理的环境问题

环境监理过程中发现存在如下问题时，视情节轻重，应采取口头警告、书面通知等形式告知相关单位；口头通知无效或出现重大环境问题、有污染隐患时，环境监理人员应及时与相关单位沟通，充分说明情况，并下发环境监理整改通知单。

（1）项目施工活动未能对环境敏感点实施有效保护，造成严重影响或破坏的；

（2）项目施工过程中存在超标排污，不符合环境功能区管理要求的；

（3）项目施工过程中存在生态破坏或未按照环境影响评价文件及批复要求实施生态恢复的；

（4）环境污染治理设施、生态保护措施、环境风险防范设施未按照环境影响评价文件批复的要求建设，以及环保设施施工进度与主体工程施工进度不符合的；

（5）项目试运行期间污染防治设施不能运行、污染物排放不达标等达不到环境影响评价文件及其批复要求的；

（6）施工活动不符合环境功能区管理要求，引起周边居民向地方环保行政主管机构投诉的；

（7）项目建设过程中存在其他环境违规或违法行为的。

8.1.6.3　环境保护验收相关工作要点

按照合同文件要求，环境监理参与主体工程及配套工程环境保护验收相关工作，并根据验收要求提交环保过程资料、环境监理总结报告、编写监理工作汇报材料等。

为便于主体工程及相关配套工程（单独环评项目）顺利开展环境保护验收工作，环境监理在资料整理中，除日常监理资料归档外，还应重视对下列资料的收集建档：

(1) 环境评价文件要求的各项环境保护措施和设施得到落实的照片。

(2) 工程施工期间，参建各方在水、气、声、渣、生态保护等方面的投资数据。

(3) 工程建设重大设计变更文件、环境保护措施重要设计变更文件。

(4) 与环境保护相关的重要批复文件。

(5) 重要投诉（涉及地方环保局）的处理结果文件。

(6) 委托外单位处理污染物或参与实施环境保护工作的佐证材料。

8.1.7 环境监理工作方式

8.1.7.1 工作方式

环境监理部开展施工区环境监理工作的方式以巡视检查为主，旁站监督为辅，其余还包括监测成果分析、监理工作会议、审阅报告等。

1）巡视检查

环境监理以巡视检查的方式对施工区环境和环境保护工作进行定期或不定期的日常监督、检查。环境监理可以独立地进行巡视检查，也可以会同甲方和工程监理进行巡视检查。巡视检查的部位包括：施工作业面、砂石料废水处理系统、拌和废水处理系统、生活污水处理系统、料场、渣场、交通道路、办公及生活营地、垃圾处理系统、环境敏感点等。其中砂石料加工系统、混凝土拌和系统生产废水达标排放、施工场地降尘措施、固体废弃物处理情况等为巡视检查的重点。

环境监理进行施工区巡视检查的频次为每月 8～10 次，重点部位的巡查视实际情况增加。通过巡视检查掌握施工区环境保护设施运行情况，环境保护措施落实情况、环境敏感点环境状况、环境问题整改情况。

在实施巡视检查过程中的监理记录，一般包括现场环境情况描述、环境保护措施落实情况、现场环境监测数据等。

2）旁站监督

施工过程中针对环境保护工程和措施的重要部位、关键工序和隐蔽工程及各项环境监测进行旁站监督。主要包括古大树迁移保护实施移栽、环境保护专项工程建设和施工区水环境、大气环境、声环境监测等，或对一些重要的环境问题采取连续性全过程的监督和检查。重要的环境问题一般有：涉及在生态环境敏感区或针对敏感对象开展的施工活动、经检查发现的重大环境问题的处理、对环境影响较大的污染源防护、对环境破坏性大的废弃物的处理等。

3）环境监测成果分析

充分利用环境监测数据，作为环境监理工作开展的依据，并根据监测结果，对施工区的环境状况做出评估和对存在的环境问题及时进行处理。

4）环境监理工作会议

环境监理会议包括第一次工地会议、工作例会和专题会议。环境监理第一次工地会议，是环境监理与有关参建各方的第一次见面和环境保护工作合作的正式开始，在本次会上确定或原则确定有关各方必须遵循的工作程序和制度，进行环境监理工作交底。

环境监理工作例会一般每季度召开一次，参加单位包括建设单位、主要施工承包商及工程监理单位。会议主要内容包括：汇报本季度环境监理工作实施情况、上季度环境问题处理情况；分析当前存在的环境问题，研究确定处理方案；汇总环境保护措施的落实情况，对存在的问题提出改进措施。环境监理工作例会是环境监理与有关各方交流情况、解决问题、协调关系和处理纠纷的一种重要途径。

环境监理专题会议由环境监理根据工作需要向建设单位申请后组织召开，参加单位主要为施工承包商和工程监理单位。会上由环境监理针对环境保护工作中的重要事项向参会单位进行解释、说明，或进行集体商议，探讨解决问题的方案。

5）审阅报告

参与审阅承包人（承包商、工程监理等）按规定编制提交的环境保护与水土保持施工月报和环境保护工程监理季报，对承包人的环境保护工作进行评价，并提出改进意见。

6）公众参与

针对受施工影响的群众及有关人员反映的环境问题，提出解决问题的意见或建议。

8.1.7.2　环境问题处理

环境监理机构在巡视、旁站中，发现环境保护问题，由环境监理机构将发现的问题以联系单形式发送甲方，由后者转发工程监理、施工单位及相关项目部，由工程监理督促承包商进行整改。在整改完成后，由施工单位报送工程监理，由工程监理督促施工单位进行整改，在整改完成后由施工单位报送工程监理，由环境监理组织现场复核，各方会签确认。

由环境监理直接监管的项目，如绿化养护、垃圾清运、污水处理厂运行等项目，由环境监理将问题及整改要求直接以联系单形式发送施工单位，抄送甲方，并督促施工单位进行整改，在整改完成后组织现场复核，各方会签确认。

8.1.8　环境监理目标控制、管理与协调

8.1.8.1　环境目标控制

1）质量评定

工程质量评定包括环境保护工程和措施的落实情况与实施效果。

（1）事前通过审查施工组织设计以防止工程施工造成重大环境污染和生态破坏。

（2）事中监督检查落实，发现未落实内容或因工程质量出现的环境问题及时进行处理，提出整改要求，并监督落实，直至满足环境保护要求。

（3）事后对处理结果与工程监理进行会签确认。

（4）参加主体工程单位工程验收和完工验收，并就该类项目的功能是否符合环境保护要求和有效控制不利环境影响签署环境监理的意见。

2）进度分析

为保证工程履行环境保护“三同时”，主要内容与要求如下：

（1）编制环境保护项目的控制性进度计划。

（2）确定环境保护控制性项目及其工期、阶段性控制工期目标，作为环境保护项目总体的进度控制依据。

（3）对环境保护措施的实际进度进行检查监督，并做好进度记录和统计工作，阶段性地进行计划进度与实际进度的对比分析，检查进度偏差的程度和产生的原因，并分析其影响程度和后果，结合施工环境影响现状，提出解决方案，并监督实施。

（4）定期报告各工程项目环境保护措施的实施进度控制情况。

3）投资统计与分析

在收集与主体工程一并发包的环境保护工程完成情况、投资完成情况、工程质量等资料的基础上，对照环境影响报告书的措施进行梳理分类与归并，并进行工程环境保护投资分析，为业主及时掌握工程环境保护投资情况和对其实施动态控制提供依据。

8.1.8.2 信息管理

根据国家和业主关于档案管理的规定和要求，做好包括合同文本文件、业主指令文件、施工文件、设计文件、监测资料和环境监理文件等必须归档的档案资料的分类建档和管理。

环境监理文件主要包括：环境监理工作计划、环境监理月报、环境监理季报、环境监理年报、环境监理工作总结、不定期的监理工作报告、环境保护专题报告，环境污染事故调查报告、日常监理文件（包括环境监理日志、巡视记录、巡视记录及施工环境大事记）、与环境有关的施工计划批复文件、与环境有关的施工措施批复文件、与环境有关的施工进度调整批复文件、与环境有关的索赔处理、调查及处理文件、环境监理协调会议纪要文件和其他环境保护、监理业务来往文件等。

其他文件来源包括承包商的有关工程施工环境保护统计报表，施工组织设计、与环保有关的各类计划、申请表、自检报告、质量问题报告等；设计单位的设计文件、设计变更文件等；工程监理单位的有关环境保护工程的质量、进度、投资、合同等方面的信息资料；环境监测等单位环境监测、调查等成果资料。

对环境监理资料归档范围、要求以及档案资料的收集、整编、查阅、复制、利用、移交、保密等各项内容形成制度，指定专门人员随工程施工和监理工作进展，加强监理资料的收集、整理和管理工作。

按照档案管理需要或环境监理服务期满后，及时对档案资料逐项清点、整编、登记造册，向业主移交。

8.1.8.3 合同管理

环境监理进行的有关合同管理的工作主要内容和要求如下：

（1）依据施工合同有关条款、施工图，对工程项目造价目标进行风险分析，并制定防范性对策。

（2）从造价、项目的功能要求、质量和工期等方面审查环境保护工程变更的方案，并在工程变更实施前与业主、承包商协商确定工程变更的价款。

（3）环境监理在发现环境问题时，可根据实际情况将问题和处理建议以工作联系单的形式发送至工程监理及相应的项目部，由后者根据承包商现场实施情况，在下个月结算时进行扣除。

（4）及时收集、整理有关的施工和监理资料，为处理费用索赔提供依据。

8.1.8.4　协调

从监理组织的角度看，协调的范围可以分为环境监理内部的协调和对外部的协调。外部协调是指与工程项目有合同关系的建设单位、监理单位、承包单位、勘察设计单位、供应单位、指定分包等单位之间的协调。与工程项目没有合同关系的政府管理部门、新闻媒体等单位与项目之间的协调，通常由业主负责，环境监理根据业主要求予以协助。

环境监理部在实施监理过程中，将重点协调业主、勘察设计、施工总承包单位和监理之间的相互关系，解决工程建设过程中有关环境保护措施的合同履行、信息沟通、工程质量、工程进度、工程投资中遇到的各类协调问题。

环境监理部在实施监理过程中，将重视做好各分包、各专业、施工工序之间的协调工作，特别是各专业的交叉作业区或作业点，要通过协调管理明确各自施工界面及界面的连接方法，防止在交叉作业区或作业点出现控制环境保护的薄弱环节或空白点。

协调工作的主要方法如下：

（1）参与合同洽谈、签订以及变更、修订工作，落实各方的权利、义务、责任和利益，明确分工与协作的工作流程，规范管理。

（2）参与各类计划的编制和综合，使环境保护措施与工程进度协调统一，使资源配置合理，需求平衡。

（3）建立良好的沟通渠道和流程。

（4）积极做好协调前的准备工作，包括监理部通过与协调各方的单独沟通，真实了解各方的意见，掌握现场情况、了解事实，对照比较合同、法规，预测协调结果，再次征求协调各方意见等，为协调达成一致奠定基础。

（5）明确各单位的岗位职责和专业分工，并做到对口衔接。

（6）组织召开环境保护工作例会和环境监理专题会议。

8.1.9　环境监理工作制度

8.1.9.1　监理日志制度

环境监理人员在施工现场巡视后填写环境监理日志，由专业环境监理工程师检查，便于及时了解环境保护工作，发现问题，应分析产生问题的主要原因，提出对问题的处理意见。

8.1.9.2　文件审核、审批制度

工程项目开工前，环境监理工程师审核承包商报送的施工组织设计环境保护内容，提出审核意见，监理部的审核意见作为工程监理机构批准上述文件的基本条件之一；对

工程施工中的设计变更进行审核，对所涉及的问题提出审核意见。在参加工程设计变更的审核工作中，监理人员应根据变更方案进行工程分析并进行环境影响复核，当变更调整后的环境保护措施不能满足有关规定和要求时，由监理人员提出措施和要求提交工程监理汇总。必要时，建议业主组织专家论证，确保变更方案满足环境保护要求。

8.1.9.3　重要环境保护措施和问题处理检查、认可制度

在承包商完成了重要的环境保护措施后，应报环境监理部检查、认可。环境监理工程师跟踪检查要求承包商限期处理的环境保护问题的情况，若处理后符合环境保护要求，予以认可；否则应采取进一步的整改措施，直至符合环境保护要求。

8.1.9.4　会议制度

环境监理除定期参加业主组织召开的环境保护工作例会外，应根据需要不定期召开环境监理专题会或有选择参加工程监理工作例会，协商解决出现的问题。

8.1.9.5　环境污染事故处理制度

协助业主处理、处置突发的环境污染事故，可能发生的环境污染事故及处理处置方式严格按照业主编制的相关环境污染事件应急预案规定执行。

8.1.9.6　会签制度

为简化支付流程，环境监理不直接参与主体工程（工程监理直接负责的项目）支付会签。必要时环境监理可以工作联系单的形式将发现的问题及处理意见发送工程监理与项目部，由后者根据现场实施情况在下月结算时进行扣除。

8.1.9.7　报告制度

环境监理按要求向业主提交环境监理月报、季报、年报。月报上报时间为下月10日前；季报上报时间为下一季度首月20日前，年报上报时间为次年2月28日前。在竣工时提交监理工作总结报告。承包商编写环境保护、水土保持月（年）报和验收总结报告，工程监理编写环境保护、水土保持季（年）报和验收总结报告，以上报告环境监理部通过审阅后应签字或提出环境保护要求。

8.1.9.8　工作协调制度

协调各方有关环境保护的工作关系和有关环境问题的争议。发生争议时，应在调查和取证的基础上提出处理意见，并及时进行协商。环境监理工作目标应充分注意与工程质量、投资、进度目标的协调，在保证施工活动能满足有关环境保护要求的前提下，既要避免提出不切实际的要求而导致影响施工进度和增加环境保护投资，又要避免为赶施工进度和节省工程投资而影响环境保护措施的落实。

8.1.9.9　工作配合制度

环境监理协助业主配合各级行政主管部门进行现场监督检查，包括参与现场环境保护检查、提供环境监理资料、参加环境保护相关会议等。

8.1.9.10　档案资料管理制度

环境监理档案资料专人管理，实行签收发制度。档案管理规定和保密管理规定按照

《国家重大建设项目文件归档要求与档案整理规范》（DA－T 28 2002）以及甲方相关档案管理制度和办法执行。

8.1.9.11　培训制度

环境监理部每年组织1～2次环境保护培训，包括内部业务培训以及针对参建各方从事环境保护工作人员的环境保护专业知识培训，由环境总监理工程师主讲。

8.1.9.12　环境保护验收制度

按照《建设项目竣工环境保护验收管理办法》和甲方相关文件要求，甲方为工程合同项目完工环境保护验收的主管部门，环境监理部参与环境保护验收，环境保护验收调查报告由专业咨询单位负责编写并及时上报验收主管部门。有关制度内容和要求主要为：

（1）参加单位工程验收、阶段验收和竣工环境保护验收。验收检查内容包括：施工过程中环境保护措施的落实情况，环境保护设施工程质量及试运行情况，环境保护投资、监测、管理，遗留问题及处理意见等。

（2）当工程施工达到竣工验收条件时，由环境监理协助业主审查验收技术大纲。协助验收调查单位完成验收所需的资料收集工作，并协助业主审查验收调查报告。

（3）配合业主开展内部预验收工作，审查承包商验收申请报告。验收检查内容包括：环境保护设施工程质量及试运行情况，环境保护档案材料，遗留问题及处理意见等。

（4）编写提交竣工验收环境监理总结报告，参加环境保护验收报告审查会和现场验收会，竣工验收后完成环境监理部档案资料的移交工作。

8.2　环境监理细则

针对工程各专项工程，需在环境监理规划的基础上，开展专项监理细则，本书以乌东德水电站环境监测项目和生活污水设施运行为例开展环境监理细则阐述说明。

8.2.1　环境监测

8.2.1.1　总则

1）编制依据

（1）监测合同文件（包括合同条款、招标文件、投标文件等）。

（2）《地表水环境质量标准》（GB 3838—2002）。

（3）《地下水质量标准》（GB/T 14848—1993）。

（4）《地表水和污水监测技术规范》（HJ/T 91—2002）。

（5）《水环境监测规范》（SL 219—2013）。

（6）《水质　样品的保存和管理技术规定》（HJ 493—2009）。

（7）《水质　采样技术指导》（HJ 494—2009）。

(8)《环境空气质量标准》(GB 3095—2012)。

(9)《环境空气质量自动监测技术规范》(HJ/T 193—2005)。

(10)《环境空气质量手工监测技术规范》(HJ/T 194—2005)。

(11)《声环境质量标准》(GB 3096—2008)。

(12)《建筑施工场界环境噪声排放标准》(GB 12523—2011)。

(13)《环境噪声监测技术规范　城市声环境常规监测》(HJ 640—2012)。

2) 监理细则适用范围

本细则适用于监测合同范围内的地表水、地下水、生产废水、生活污水、饮用水、环境空气、噪声等监测工作。工作内容主要为现场采样和现场监测监督检查，以及监测成果审查。

本细则是环境监理文件之一，实施过程中应与环境监理规划配合使用。

8.2.1.2　现场采样及监测质量控制

1) 一般原则

(1) 监理工程师应督促监测单位严格遵守合同规定、环境监测相关技术规程、规范，按批准的环境监测实施方案确定的监测计划和技术要求，开展施工区水质现场采样和环境现场监测工作。

(2) 监理工程师应加强对监测单位技术人员的技术资质，以及现场采样和监测过程中采样设备、样品保存、试剂、监测设备的检查，以保证监测过程中人力、物力等监测资源投入满足环境监测质量控制要求。

(3) 监理工程师应以环境监测相关技术规程、规范为基础，对监测站点设置、水质采样、监测设备调试和校准进行旁站监督，并在现场监测期间进行不定期巡视。监测现场发现违反技术操作规程、规范及合同要求的行为和做法，监理工程师有权提出并及时发出警告，在劝阻无效时，监理工程师有权发出改正指令。若监测单位不按监理工程师指令执行，则由其承担相应的违约责任。

2) 水样采集与现场监测

(1) 采样设备技术要求。

①采样设备。

应满足使样品和容器的接触时间降至最低；使用不会污染样品的材料；容易清洗，表面光滑，没有弯曲物干扰流速，尽可能减少旋塞和阀的数量。

②瞬时采样。

采集表层样品一般用吊桶沉入水中，待注满水后，再提出水面。对于分层水选定深度的定点采样选用排空式采样器。

③微生物样品采集。

一般使用灭菌玻璃瓶或塑料瓶，采样设备必须完全不受污染，并且设备本身也不可引入新的微生物。采样设备与容器不能用水样冲洗。采样设备经常用氯丁橡胶垫圈和油质润滑的阀门，这些材料均不适合于采集微生物样品。

④样品容器。

大多数含无机物的样品，多采用由聚乙烯、氟塑料和碳酸酯制成的容器。一般玻璃瓶用于有机物和生物品种。常用的高密度聚乙烯，适合于水中的二氧化硅、钠、总碱度、氯化物、氟化物、电导率、pH 和硬度的分析。对光敏物质可使用棕色玻璃瓶。溶解氧和 BOD_5 必须用专用的容器。用于微生物分析的容器及塞子、盖子应经高温灭菌，灭菌温度应确保在此温度下不释放或产生出任何能抑制生物活性、灭活或促进生物生长的化学物质。

（2）采样污染避免。

控制采样污染常用的措施有以下几种：

①尽可能使样品容器远离污染，以确保高质量的分析数据。

②避免采样点水体的搅动。

③彻底清洗采样容器及设备。

④安全存放采样容器，避免瓶盖和瓶塞的污染。

⑤采样后擦拭并晾干采样绳（或链），然后存放起来。

⑥避免用手和手套接触样品，这一点对微生物采样尤为重要，微生物采样过程中不允许手和手套接触到采样容器及瓶盖的内部和边缘。

⑦采样后应检查每个样品中是否存在巨大的颗粒物如叶子、碎石块等，如果存在，应弃掉该样品，重新采集。

（3）样品保存技术要求。

①容器的封存。

对需要测定物理—化学分析物的样品，应使水样充满容器至溢流并密封保存，以减少因与空气中氧气、二氧化碳的反应干扰及样品运输途中的振荡干扰。但当样品需要被冷冻保存时，不应溢满封存。

②样品的冷藏。

在大多数情况下，从采集样品后到运输至实验室期间，在1℃～5℃冷藏并暗处保存，对保存样品就足够了。冷藏并不适用于长期保存，对废水的保存时间更短。

③添加保存剂。

控制溶液 pH 值：测定金属离子的水样常用硝酸酸化至 pH 1～2，测定氰化物的水样需加氢氧化钠调至 pH 12，测定六价铬的水样应加氢氧化钠调至 pH 8，保存总铬的水样则应加硝酸或硫酸至 pH 1～2。

加入抑制剂：在测氨氮、硝酸盐氮和 COD 的水样中，加氯化汞或加入三氯甲烷、甲苯作防护剂以抑制生物对亚硝酸盐、硝酸盐、铵盐的氧化还原作用。

加入还原剂：测定硫化物的水样，加入抗坏血酸对保存有利。

④样品标签。

水样采集后，每一份样品都应附一张完整的水样标签。标签内容一般包括：采样目的，项目唯一性编号，监测点数目、位置，采样时间，日期，采样人员，保存剂的加入量等。标签应用不退色的墨水填写，并牢固地粘贴于盛装水样的容器外壁上。

（3）水质采样的质量保证。

①采样人员必须通过岗前培训，切实掌握采样技术，熟知水样固定、保存、运输条件。

②采样断面应有明显标志物，采样人员不得擅自改变采样位置。

③用船只采样时，采样船应位于下游方向，逆流采样，避免搅动底部沉积物造成水样污染。采样人员应在船前部采样，尽量使采样器远离船体。

④采样时，除细菌总数、大肠菌群、油类、DO、BOD_5、有机物、余氯等有特殊要求的项目外，要先用采样水荡洗采样器和水样容器2～3次，然后将水样装入容器中，并按要求立即加入相应固定剂，贴好标签。

⑤每批水样应选择部分项目加采现场空白样品，与样品一起送实验室分析。

（3）现场监测。

对需要现场测试的pH、电导率、温度、溶解氧等项目，可采用便携式检测仪器。现场使用的仪器应按计量法的规定，定期送法定计量检测机构进行检定，合格后方可使用。非强制检定的计量器具，可自行依法检定，或送有授权对社会开展量值传递工作资质的计量检定机构进行检定，合格后方可使用。

①溶解氧测定仪。

便携式溶解氧测定装置，应具备完整的传输线、传感器和完整详细的操作说明，并且可通过直流电源操作。该设备须具备的测量能力为：溶解氧测量范围为0～20mg/L和0%～200%的饱和度。

②温度测定仪。

温度测定仪具有自动温度处理的电极膜及完整的传输线。充足的备用电极和传输线储备将有利于随时需要时更换，温度测量范围为0℃～45℃。

③pH测量仪。

便携式pH仪，测量范围为0.0～14.0。

8.2.1.3 大气监测

1）采样设备

连续24小时监测和1小时监测应当采用合适的环境空气采样器，并安置于监测点。环境空气采样器的性能参数应当符合《环境空气质量自动监测技术规范》（HJ/T 193—2005）或《环境空气质量手工监测技术规范》（HJ/T 194—2005）规定要求。空气采样器应当配备有电子质量流量控制器，并按生产厂商的操作说明书定期用可溯源标准校准。所有仪器设备、校准工具箱等应有明显的标记。

2）监测点周围环境要求

（1）监测点周围50m范围内不应有污染源。

（2）点式监测仪器采样口周围监测光束附近或开放光程监测仪器发射光源到监测光束接收端之间不能有阻碍环境空气流通的高大建筑物、树木或其他障碍物。从采样口或监测光束到附近最高障碍物之间的水平距离应为该障碍物与采样口或监测光束高度差的2倍以上。

（3）采样口周围水平面应保证270°以上的捕集空间，如果采样口一边靠近建筑物，采样口周围水平面应有180°以上的自由空间。

（4）监测点周围环境状况相对稳定，安全和防火措施有保障。

（5）监测点附近无强大的电磁干扰，周围有稳定可靠的电力供应，通信线路容易安装和检修。

3）采样口位置要求

（1）对于手工间断采样，其采样口离地面的高度应在1.5～15m范围内。

（2）对于自动监测，其采样口或监测光束离地面的高度应在3～15m范围内。

（3）在建筑物上安装监测仪器时，监测仪器的采样口离建筑物墙壁、屋顶等支撑物表面的距离应大于1m。

（4）使用开放光程监测仪器进行空气质量监测时，在监测光束能完全通过的情况下，允许监测光束从日平均机动车流量少于10000辆的道路上空、对监测结果影响不大的小污染源和少量未达到间隔距离要求的树木或建筑物上空穿过。穿过的合计距离不能超过监测光束总光程长度的10%。

（5）当某监测点需设置多个采样口时，为防止其他采样口干扰颗粒物样品的采集，颗粒物采样口与其他采样口之间的直线距离应大于1m。若使用大流量总悬浮颗粒物TSP采样装置进行并行监测，其他采样口与颗粒物采样口的直线距离应大于2m。

（6）开放光程监测仪器的监测光程长度的测绘误差应在±3m内，当监测光程长度小于200m时，光程长度的测绘误差应小于实际光程的±1.5%。

（7）开放光程监测仪器发射端到接收端之间的监测光束仰角不应超过15°。

3）质量保证与质量控制

（1）监测人员必须参加合格证考试，并取得合格证。

（2）应按计量法的规定，定期送法定计量检测机构进行检定，合格后方可使用。

（3）非强制检定的计量器具可自行依法检定，或送有授权对社会开展量值传递工作资质的计量检定机构进行检定，合格后方可使用。

（4）量器具在日常使用过程中，应参照有关计量检定规程定期校验和维护。

8.2.1.4　噪声监测

1）测量仪器

测量仪器精度为2型及2型以上的积分平均声级计或环境噪声自动监测仪器，其性能需符合GB 3785和GB/T 17181的规定，并定期校验。测量前后使用声校准器校准测量仪器的示值偏差不得大于0.5 dB，否则测量无效。声校准器应满足GB/T 15173对1级或2级声校准器的要求。测量时传声器应加防风罩。

2）监测点选择

（1）敏感点噪声监测。

一般户外：距离任何反射物（地面除外）至少3.5m外测量，距地面高度1.2m以上。必要时可置于高层建筑上，以扩大监测受声范围。使用监测车辆测量时，传声器应固定在车顶部1.2m高度处。

噪声敏感建筑物户外：在噪声敏感建筑物外，距墙壁或窗户1m处，距地面高度1.2m以上。

（2）交通噪声监测。

监测点选择在两路口之间，距任何路口的距离大于50m，路段不足100m的选路段中点，测点位于人行道距路面（含慢车道）20cm处，监测点高度距地面1.2～6m。

(3) 场界噪声监测。

一般情况监测点设置在施工场界外1m，高1.2m以上的位置。当场界有围墙且周围有噪声敏感建筑物时，监测点应设置在场界外1m，高于围墙0.5m以上位置，且位于施工噪声影响的声照射区域。

距离墙面和其他反射面至少1m，距窗约1.5m处，距地面1.2~1.5m高。

3) 气象条件

测量应在无雨雪、无雷电天气，风速5m/s以下时进行。

4) 监测方法

噪声敏感建筑物监测采用《声环境质量标准》(GB 3096—2008) 附录C规定的监测方法。场界噪声监测按《建筑施工场界环境噪声排放标准》(GB 12523—2011) 规定方法执行，需监测背景噪声，并对监测值进行修订。交通噪声监测按《环境噪声监测技术规范 城市声环境常规监测》(HJ 640—2012) 规定方法执行。

5) 质量保证与质量控制

(1) 监测人员必须参加合格证考试，并取得合格证。

(2) 应按计量法的规定，定期送法定计量检测机构进行检定，合格后方可使用。

(3) 非强制检定的计量器具，可自行依法检定，或送有授权对社会开展量值传递工作资质的计量检定机构进行检定，合格后方可使用。

(4) 量器具在日常使用过程中，应参照有关计量检定规程定期校验和维护。

8.2.1.5 监测成果审查

环境监理按环境监测委托合同规定，对监测单位提交的季度监测报告、年度环境质量报告、年末工作总结和下年度工作计划进行审核，如果报告、成果、文件不符合监测合同要求，环境监理通知监测单位采取有效补救措施直至达到要求和规定。

监测单位提交的季度监测报告至少应包括以下内容：

(1) 每个项目的监测数据、相应的分析方法、测量仪器型号和校准方法。

(2) 每个项目的质检数据、质量保证说明。

(3) 气、声环境质量现状分析，统计分析施工期间各监测点的监测参数，并给出监测参数变化趋势图表。

(4) 污染源现状分析及建议，结合监测期间在工地主要施工活动、天气状况及可能影响监测结果的其他因素，分析监测值超标的原因。

8.2.1.6 监理工作方法及程序

1) 环境监理方法

(1) 旁站监理。

环境监理工程师按环境监测相关技术规程、规范和本细则质量控制要求，对监测单位开展的现场采样和监测进行监督、检查。

①水质采样与现场监测。

检查采样容器是否有划痕，是否有破损和不牢固的部件，箱和样品传送器数量充足。检查样品瓶和盖子，确保瓶子已盖好以减少污染的机会并安全存放；确保用于微生物监测的瓶子原包装完整，无菌显示器条纹清晰。检查“按日期使用”的固定剂是否超期，检查点滴器和移液器是否有损坏。检查检定试剂盒确保其未超期使用。

监督现场采样人员按采样技术要求采集水样，在采样过程中采取避免样品污染措施，在样品采集后是否添加保存剂、正确对容器进行封存、样品标签记录内容是否完整，是否对样品进行冷藏保存。

检查进行现场监测的仪器设备是否按规定由计量检测机构检定合格。

②环境空气监测。

检查采样设备是否满足相关技术规范要求，是否配备校准工具箱，仪器设备是否按规定由计量检测机构检定合格。检查监测点设置是否符合监测实施方案要求，监测点周边环境和采样口位置设置是否符合相关技术规范要求。监督现场监测人员按相关技术规范开展监测工作。

③声环境监测。

检查采样设备是否满足相关技术规范要求，是否配备现场校准器，气象监测设备，仪器设备是否按规定由计量检测机构检定合格。检查监测点设置是否符合监测实施方案要求。监督现场监测人员按相关技术规范开展监测工作，并完整填写测量记录。

（2）现场巡视。

现场巡视是指环境监理在监测单位对施工区监测期间对其监测活动进行监督检查。

环境监理现场巡视检查24小时连续监测设备是否运行正常，监测人员是否在岗或进行定期巡查。

2）环境监理工作程序

（1）一般问题。

旁站监理或现场巡视中发现监测单位存在不遵守环境监测相关技术规程、规范要求或违反合同条款规定要求，监测报告未按合同要求进行编制，如违约情况一般，环境监理现场指出存在问题，要求立即整改。

（2）违规违约行为严重。

旁站监理或现场巡视中发现监测单位存在不遵守环境监测相关技术规程、规范要求或违反合同条款规定要求，监测报告未按合同要求进行编制，违约情况严重，则环境监理直接下发环境监理工程师通知单，要求监测单位限期整改。监测单位按整改指令完成整改后，报环境监理工程师复核，最后将整改复查结果报送甲方。若监测单位不按要求进行整改，环境监理将上报甲方协商解决。

8.2.2　生活污水处理设施运行

8.2.2.1　总则

1）编制依据

（1）施工合同文件（包括合同条款、招标文件、投标文件等）。

（2）生活污水处理设施设计文件（包括污水处理工艺、施工设计图纸、运行管理文件等）。

（3）《污水排放综合标准》（GB 8978—1996）。

2）监理细则适用范围

本细则适用于乌东德工程施工区新村营地污水处理站、海子尾巴污水处理站、金坪子营地1#污水处理站、金坪子营地2#污水处理站、码头上营地污水处理站、武警交通运输管理中心污水处理站、鱼类增殖站污水处理站等污水处理设施的运行管理。上述污水处理站生活污水收集系统、处理设施、配套设备及回用系统均为环境监理对象。

本细则是环境监理文件之一，实施过程中应与环境监理规划配合使用。

8.2.2.2　污水处理设施工艺特点和控制要点

1）生活污水处理工艺

乌东德工程施工区生活污水处理采用生物膜法：缺氧—好氧（A/O）处理工艺。A/O即缺氧+好氧生物接触氧化法是一种成熟的生物处理工艺，具有容积负荷高、生物降解速度快、占地面积小、基建投资和运行费用低等优点，可替代原有城市污水处理采用的普通活性污泥法，特别适用于中、高浓度工业废水的处理，且投资省、占地少、处理效率高。该工艺采用生物接触氧化和沉淀相结合的方法，工艺成熟、可靠。设备中沉淀污泥，一部分污泥中由于溶解氧的作用进一步得到氧化分解，另一部分气提至沉砂沉淀池内，系统污泥只需定期在沉砂沉淀池中抽吸。系统中风机、潜污泵等主要控制设备的工作程序输进PLC机，达到自动工作，以减少操作工作量，并可减少不必要的人为损坏。该工艺流程见图8.1。

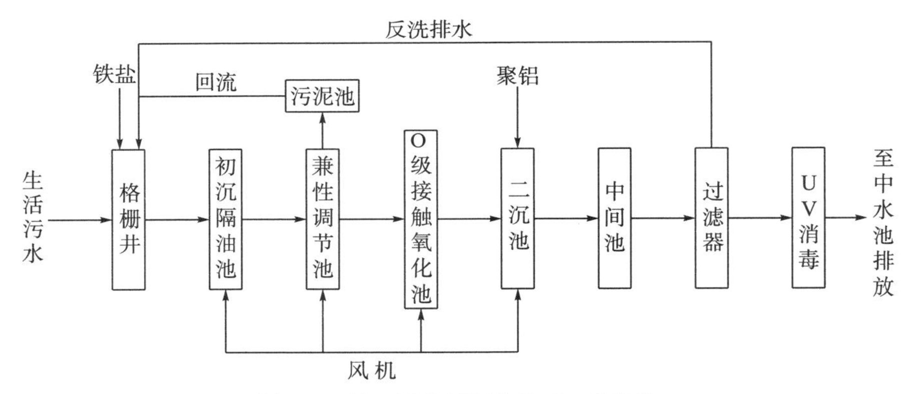

图8.1　施工区生活污水处理工艺流程

2）运行管理控制要点

乌东德工程施工区生活污水处理均采用全自动无人值守运行系统，并制定了污水处理厂运行规程、巡回检查制度、交接班制度、运行异常情况处置制度，运行管理控制要点主要是落实制定的规程、制度。

8.2.2.3　现场监理工作内容、方法和程序

1）现场监理工作内容

根据施工合同文件、污水处理系统运行管理文件，开展现场环境监理工作，主要工作内容如下：

（1）检查污水处理运行单位对污水处理系统运行管理制度的执行情况，运行管理人员和操作人员是否到岗，岗位职责是否明确，以及关键设备操作规程的熟悉情况。

（2）检查污水处理设施运行情况，检查污水处理站进出水水质监测成果，评估污水处理效果。

（3）检查污水处理设施运行记录（包括各类台账）。

（4）检查污水处理设施维护检修记录。

（5）对日常检查或现场巡视发现的问题，按环境监理工作程序进行处理。

2）环境监理方法

（1）日常检查。

日常检查工作是对污水处理设施的运行管理状况、污水处理效果进行全面细致的检查。日常检查由环境监理单独执行，一般每月1～2次，检查前日通知运行管理单位做好相关准备工作。

①运行管理制度执行情况。

现场抽查污水处理设施运行管理人员和操作人员对操作规程的掌握情况，对抽查结果记录在案。

②污水处理设施运行情况。

检查污水处理系统是否正常运行，加药桶、药液罐的水位是否符合要求，观察（通过检修孔）O级生物池、A级生物池的填料情况，检查每周各污水处理站进出水水质监测结果，评估污水处理效果。

③运行记录。

检查的运行记录主要为：污水处理厂运行记录、污水处理厂巡检记录、污水处理厂设备运行记录、污水厂垃圾与底泥处理记录等。

（2）现场巡视。

现场巡视是指环境监理、环保中心两家单位联合，不定期对污水水处理设施运行情况和管理制度执行情况进行监督检查。

3）环境监理工作程序

（1）一般问题。

日常检查或现场巡视中发现污水处理站运行管理单位存在不遵守污水处理站运行规程要求或违反合同条款规定要求，如违约情况一般，环境监理现场指出存在问题，要求立即整改。

（2）违规违约行为严重。

日常或现场巡视中发现污水处理站运行管理单位存在不遵守运行规程要求或违反合同条款规定要求，违约情况严重，则环境监理直接下发环境监理工程师通知单，要求污水处理站运行管理单位限期整改。污水处理站运行管理单位按整改指令完成整改后，报环境监理工程师复核，最后将整改复查结果报送建设部。若污水处理站运行管理单位不按要求进行整改，环境监理将上报建设部协商解决。

8.2.2.4　本项目常用表格

日常监理工作常用表格主要有：日常检查记录表、现场巡查记录表、环境监理工程师通知单等。金沙江乌东德水电站施工区生活污水处理站运行管理监理工作基本表式见表8.1～表8.3。

表 8.1　生活污水处理设施日常检查记录

检查项目：　　　　　　　　　　记录日期：

运行管理单位：　　　　　　　　监理单位：

<table>
<tr><td>检查日期</td><td>天气</td><td>到达现场时间</td><td>离开现场时间</td></tr>
<tr><td></td><td></td><td></td><td></td></tr>
<tr><td>日常检查情况</td><td colspan="3">检查结果：

存在问题：</td></tr>
<tr><td>处理意见</td><td colspan="3"></td></tr>
<tr><td>备注</td><td colspan="3"></td></tr>
<tr><td colspan="2">记录人：</td><td colspan="2">审核人：</td></tr>
</table>

表 8.2 施工区环境监理现场巡视记录

巡视项目： 记录日期：

运行管理单位： 监理单位：

巡视日期		天气	到达现场时间	离开现场时间
现场巡视情况				
处理意见				
备注				
记录人：			审核人：	

表 8.3　金沙江乌东德水电站工程环境监理工程师通知单

项目名称：　　　　　　合同编号：　　　　　　表单流水号：HJ－20××－××

承包人：　　　　　　　环境监理人：

<table>
<tr><td colspan="2">致：

事由：

环境监理人：
总监理工程师（签章）：
年　　月　　日</td></tr>
<tr><td>环境问题</td><td></td></tr>
<tr><td>引用合同条款
或法律法规依据</td><td></td></tr>
<tr><td>环境问题
处理意见</td><td></td></tr>
<tr><td>承包人
签收记录</td><td>今已收到环境监理工程师通知单。

签收人：
年　　月　　日</td></tr>
</table>

8.3　“扬长补短，优势互补”环境监理创新管理模式

水电工程系统复杂，许多环境保护工程包含在主体工程以内，环境监理职责和工程监理职责存在一定交叉，由于环境监理缺乏工程管理经验，通常此类环境保护工程由工程监理负责监督管理，环境监理规范中对环境监理单位与工程监理单位关系仅表述为各司其职、相互配合、互为补充，为实现工程目标提供技术服务，并未明确划分界定两者之间的关系和工作流程。

为保证乌东德水电站施工区各项环境保护措施顺利实施和有效运行，2015 年，乌东德工程建设部引进环境监理，根据施工区环境保护管理体系和工程监理合同约定以及水电工程项目分类特点，对环保中心、环境监理、土建监理的职责、分工和工作流程进行了梳理，有效推进了施工区环境保护工作。

8.3.1　施工区环境保护管理体系

按照施工区分级管理特点，施工区建立了“建设部—环保中心—监理单位—施工单位（运行单位）”四位一体的环境保护管理体系（见图 8.2）。其中环保中心归口建设部管理，为建设部环境保护专职管理机构，按要求参加建设部内部会议，代表建设部开展施工区环境保护管理工作和现场巡视检查，对现场发现的环境保护问题，提出整改意见，会同建设部协调督促相关单位整改落实，同时协调解决各单位的环境保护要求。

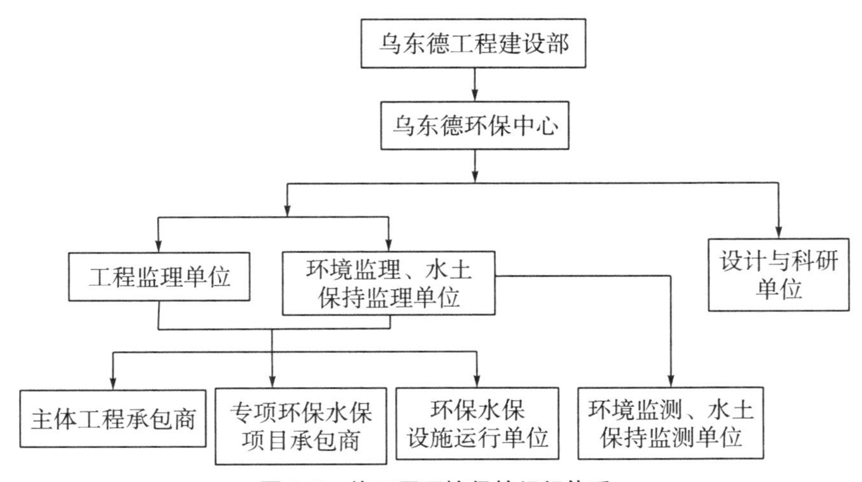

图 8.2　施工区环境保护组织体系

8.3.2　环境保护项目类型划分

水电工程复杂，涉及专业面广，可根据环境保护项目功能和性质的不同，将环境保护项目划分为三类。

（1）项目环境保护措施包含在主体工程项目中，称为第一类。如导流工程、引水发电工程、大坝工程、机电安装工程、房屋建筑工程、交通工程、场平工程、供水供电、

砂石料加工系统等。

（2）可以独立发包的环境保护专项，称为第二类。如生活垃圾处理工程、生活污水处理设施、弃渣场防护工程、鱼类增殖站工程、绿化工程、各类专项措施运行维护等。

（3）监测项目和研究项目综合管理类项目，称为第三类。

8.3.3 环境监理和工程监理责任分工

8.3.3.1 主体监督责任界定

鉴于工程监理优势在土建实施监督管理，缺乏环境保护专业理论知识，而环境监理优势是具有较强环境保护专业理论知识，缺乏现场土建监督管理经验，为扬长补短，优势互补，根据项目分类特点界定各阶段环境监理和工程监理监督主体责任。

第一类项目多为土建施工项目，且工程监理合同里面已明确其环境保护职责，考虑环境监理缺乏土建施工经验，此类项目环境保护监督责任主体为工程监理，环境监理参与监督管理；第二类项目施工建设也多为土建施工，建设期环境保护监督责任主体为工程监理，环境监理参与监督管理，运行期环保保护监督主体由工程监理转为环境监理；第三类项目由于涉及环境保护专业知识，基本无土建工程，由环境监理直接监理。

8.3.3.2 现场环境保护问题处理流程

（1）对于工程监理监理项目，环境监理在现场巡视检查中发现的问题，提出整改意见，由于环境监理和工程监理为平级管理单位，为提高现场执行效率，以联系单形式发送环保中心，由环保中心转发工程监理，督促主体施工单位进行整改，在整改完成后由施工单位报送工程监理，由环境监理和环保中心组织现场复核，各方会签确认（流程见图 8.3）。

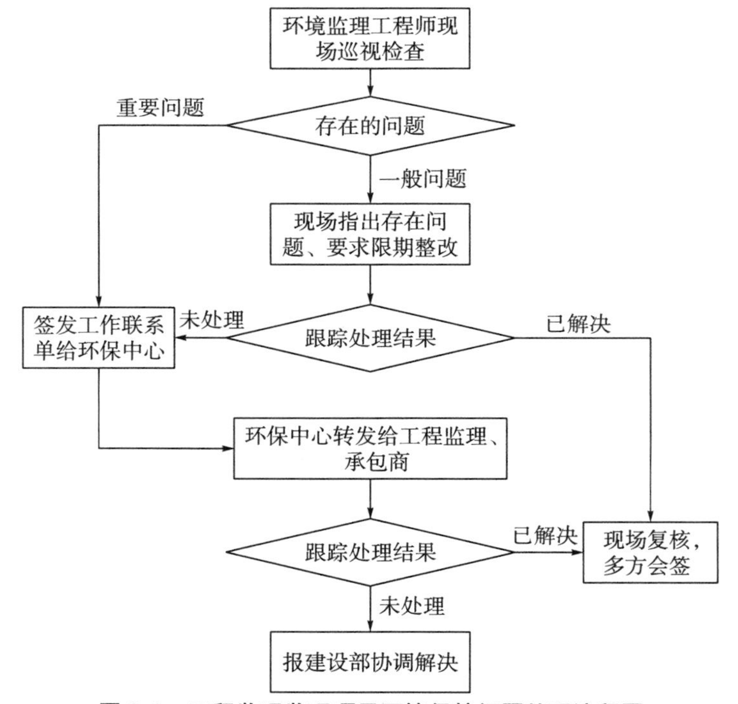

图 8.3 工程监理监理项目环境保护问题处理流程图

（2）对于环境监理部直接监理的项目，由环境监理直接督促施工单位整改（流程见图 8.4）。

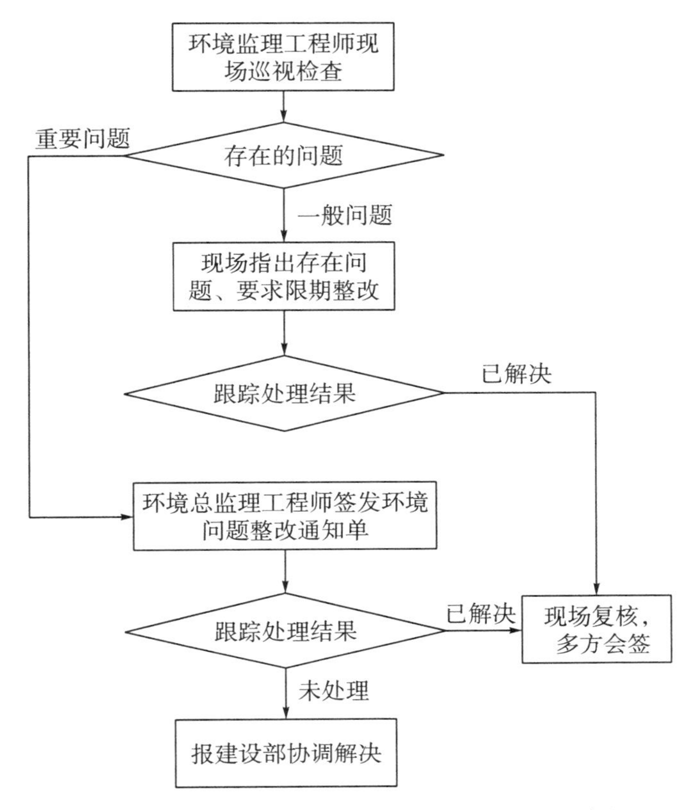

图 8.4　环境监理直接监理项目环境保护问题处理流程图

8.3.4　环境保护罚款

按照谁管合同、谁罚款的原则，对于工程监理分管合同，环保中心、环境监理根据管理制度行使处罚权，通过工作联系单、巡视记录、事故调查报告等方式书面告知工程监理，由工程监理单位按要求进行处罚。对环境监理管理合同，由环境监理直接按要求进行罚款。

8.3.5　其他环境保护过程管理

对于工程中涉及环境保护相关工作的，工程监理应通过环保中心通知环境监理参与环境保护设计审查、技术交底、验收、协调等工作，保证环境监理全过程、全覆盖参与到工程建设的每项环境保护工作中。

截至 2016 年年底，环境监理共发出环境问题整改工作联系单（包括 1 份调查报告）5 份，督促整改环境问题 12 起，保证了施工区环境保护措施的有效落实和正常运行。

思考与练习题

（1）水电工程环境监理的主要作用是什么？其与土建监理的职责界面是什么？

（2）环境监理规划与环境监理细则的关系是什么？

（3）不同水电工程建设管理体系存在一定差异，环境监理作为独立第三方，应如何与业主的管理相衔接？

参考文献

[1] Hart S L. A natural-resource-based view of the firm [J]. The Academy of Management Review，1995，20 (4)：986－1014.

[2] 刘思华. 现代管理理论的缺陷与绿色管理思想的兴起——企业生态经济管理研究之一 [J]. 生态经济，1995 (2)：7－10.

[3] 姜太平. 绿色管理——企业管理发展的新趋势 [J]. 决策借鉴，2000 (1)：10－12.

[4] 邱尔卫. 企业绿色管理体系研究 [D]. 哈尔滨：哈尔滨工程大学，2006.

[5] 金伟良，王竹君. 工程结构全寿命设计绿色指标体系构建 [J]. 建筑结构学报，2018，39 (3)：120－129.

[6] 禹雪中，夏建新，杨静，等. 绿色水电指标体系及评价方法初步研究 [J]. 水力发电学报，2011，30 (3)：71－77.

[7] 黄艺，文航，蔡佳亮. 基于环境管理的河流健康评价体系的研究进展 [J]. 生态环境学报，2010，19 (4)：967－973.

[8] 行业标准. 可持续水电评价导则（NB/T 10350—2019）[S]. 北京：中国水利水电出版社，2020.

[9] 罗霞，杨林，余晓钟，等. 油气勘探开发项目环境管理成熟度研究 [J]. 天然气技术与经济，2019 (3)：74－79.

[10] 雷华，刘恒，钟华平，等. 健康河流的评价指标和评价标准 [J]. 水利学报，2006 (3)：253－258.

[11] 孙建梅，邢柳. 基于改进模糊物元的火电机组节能减排评价 [J]. 科技管理研究，2016，36 (11)：58－62.

[12] 国家环境保护部. 流域生态健康评估技术指南（试行）[S]. 北京：国家环境保护部，2013.

[13] 张雄，刘飞，林鹏程，等. 金沙江下游鱼类栖息地评估和保护优先级研究 [J]. 长江流域资源与环境，2014，23 (4)：496－503.

[14] ISO I. 14001：Environmental Management Systems－Requirements with Guidance for Use [S]. London：British Standards Institution，2015.

[15] 高莉萍，程文仕，周晓丽，等. 基于 PSR－GM (1，1) 模型的华池县耕地生态安全评价与预测 [J]. 安徽农业科学，2018，46 (1)：215－217.

[16] 雷勋平，Robin Qiu，刘勇. 基于熵权 TOPSIS 模型的区域土地利用绩效评价及障

碍因子诊断［J］. 农业工程学报，2016，32（13）：243－253.
［17］钟姗姗，张飞涟. 基于耗散结构理论的水电梯级开发项目环境管理绩效分析［J］. 水力发电学报，2012，31（6）：300－304＋264.
［18］Kononov D A. Environmental emergency management［J］. IFAC Papers on Line，2019，52（25）：35－39.
［19］Zhang W，Lin X，Su X. Transport and fate modeling of nitrobenzene in groundwater after the Songhua River pollution accident［J］. Journal of Environmental Management，2010，91（11）：2378－2384.
［20］熊鸿斌，王树南. 水源准保护区工业园企业突发环境风险评估［J］. 人民黄河，2018，40（1）：56－61，81.
［21］夏杰塬. 改进的突变评价法在河南省农业干旱中的应用［D］. 郑州：华北水利水电大学，2017.
［22］朱顺泉. 基于突变级数法的上市公司绩效综合评价研究［J］. 系统工程理论与实践，2002（2）：90－94，117.
［23］李绍飞，唐宗，王仰仁，等. 突变评价法的改进及其在节水型社会评价中的应用［J］. 水力发电学报，2012，31（5）：48－55.
［24］Samuleson P. Foundations of economic analysis［J］. Addison－Wesley Series Economics，1947（14）：516－530.
［25］Zhang J，Xu L，Li X. Review on the externalities of hydropower：A comparison between large and small hydropower projects in Tibet based on the CO_2 equivalent［J］. Renewable and Sustainable Energy Reviews，2015（50）：176－185.
［26］王洪强，赵丹，邵东国. 水利工程对水环境影响效益分量重要性评价模型与应用研究［J］. 南水北调与水利科技，2008（2）：45－48.
［27］金弈，康建民，武雪艳. 水电工程环境影响经济损益分析［J］. 水力发电，2009，35（8）：1－5.
［28］张伟. 黄土丘陵区人工林草植被生态服务功能演变及其互作机制［D］. 咸阳：西北农林科技大学，2019.
［29］董哲仁，张晶，赵进勇. 环境流理论进展述评［J］. 水利学报，2017，48（6）：670－677.
［30］刘昌明，门宝辉，宋进喜. 河道内生态需水量估算的生态水力半径法［J］. 自然科学进展，2007（1）：42－48.

后 记

本书从2017年开始着手编写，历经3年形成初稿，主要以乌东德水电站为对象开展大中型水电工程绿色管理研究。近年来国内外已广泛开展绿色水电研究，但对水电工程绿色设计和绿色施工研究并不多见，相信本书的出版能够为从事水电工程环境保护工作的同仁系统开展绿色管理提供参考。鉴于水电工程规模等级不同，相应的环境影响也不尽相同，加之水电工程与水利工程、抽水蓄能工程特性也不尽相同，本书的研究成果虽侧重点偏向大中型水电工程，但其研究方法和思路其他水利水电工程也可以求同存异地进行借鉴。

水电工程管理是一个博大精深、边际较广的学科。本书《大中型水电工程建设全过程绿色管理》仅选择了工程建设中关键的环境管理问题进行探索性的研究，深度和广度还有待今后进一步拓展和提升。今后尚需在以下几个方面开展更为深入系统的研究：一是本书以重点施工季度为周期开展绿色施工的研究分析，下阶段研究中可根据大中型水电工程建设转序特点，选择连续多年有代表性的季度开展更为系统的分析研究，以此更全面和系统反映大中型水电工程施工对环境影响的时空差异性及各阶段的绿色管控重点。另外本书的评价方法采用了AHP—模糊综合评价法，后续研究中也可采用其他评价方法，以此相互对比验证。二是本书绿色水电评价指标基于预测成果进行分析，为此可在电站建成运行后，进一步加强环境影响跟踪监测，并根据实际运行监测成果开展绿色水电评估，以此验证本书的研究成果，并复核完善大中型水电工程建设全过程绿色评价和管理体系。三是本书重点针对建设期的大中型水电工程提出了突发环境风险评估方法，其中主要关注施工区的风险源，下阶段可将相关理论进一步推广应用到运行期大中型水电工程突发环境风险评估及管理中，进一步提升全过程绿色水电管理理论和水平。四是本书的研究对象仅为单个水电站，后期也可以将相关理论和方法扩展到整个流域水电开发和运行的绿色管理中。五是本书对乌东德水电站水生生态过鱼设施、增殖放流和分层取水只作了简单的描述，并未开展运行效果分析，下阶段将结合运行监测资料补充完善效果评级。

绿水青山就是金山银山，水电工程绿色发展之路前景美好，愿本书出版能为提升我国水电工程的绿色管理水平贡献绵薄之力，编者也将继续开展相关探索和总结，进一步丰富绿色管理内容。

由于编者能力有限，书中难免会有疏漏错误之处，欢迎广大读者及业内同仁批评指正，作者邮箱：445078432@qq.com。